环境保护与生态文明教育研究

艾子贞　张淑娇　刘红艳 ◎著

山西出版传媒集团　山西人民出版社

图书在版编目（CIP）数据

环境保护与生态文明教育研究 / 艾子贞，张淑娇，
刘红艳著. -- 太原：山西人民出版社，2023.6
ISBN 978-7-203-12848-9

Ⅰ．①环… Ⅱ．①艾… ②张… ③刘… Ⅲ．①环境保
护—研究②生态环境—环境教育—研究 Ⅳ．①X

中国国家版本馆 CIP 数据核字(2023)第 175411 号

环境保护与生态文明教育研究

著　　者：艾子贞　张淑娇　刘红艳·
责任编辑：孙　茜
复　　审：李　鑫
终　　审：梁晋华
装帧设计：博健文化

出 版 者：山西出版传媒集团·山西人民出版社
地　　址：太原市建设南路 21 号
邮　　编：030012
发行营销：0351－4922220　4955996　4956039　4922127（传真）
天猫官网：https://sxrmcbs.tmall.com　电话：0351－4922159
E－mail：sxskcb@163.com　发行部
　　　　　sxskcb@126.com　总编室
网　　址：www.sxskcb.com

经 销 者：山西出版传媒集团·山西人民出版社
承 印 厂：廊坊市源鹏印务有限公司

开　　本：787mm×1092mm　　1/16
印　　张：11.5
字　　数：257 千字
版　　次：2024 年 6 月　第 1 版
印　　次：2024 年 6 月　第 1 次印刷
书　　号：ISBN 978-7-203-12848-9
定　　价：88.00 元

前言

环境保护是一个永恒的主题，保护环境是人类义不容辞的责任。环境保护与生态文明建设要立足当前并放眼未来，将环境保护与生态文明建设理念融入经济、政治、文化、社会，以及教育等各个领域，实现整个生态文明空间的和谐与可持续发展。推动环境保护与生态文明教育，既是生态文明建设需求，也是社会人才培养的任务。

基于此，本书以"环境保护与生态文明教育研究"为题，全书共设置六章：第一章包括环境与环境污染、环境保护生态学基础、环境保护的重要性分析；第二章论述环境污染与保护治理，内容包含大气污染及其治理技术、水体污染及其防治处理、环境物理污染与控制；第三章探讨环境管理及其可持续发展，内容涵盖环境监测与评价、环境管理与规划、环境的可持续发展；第四章分析生态文明与生态文明教育，内容包括生态文明与环境教育概述、生态文明教育理论与构成、生态文明教育的目标与内容；第五章研究生态文明教育的实施，内容包含生态文明教育的实施机制、实施原则、实施方法、实施路径；第六章研究环境保护与生态文明教育的中国实践，主要分析环境保护与生态文明教育的历史探索、环境保护与生态文明教育的特色与经验、环境保护与生态文明教育的未来展望。

本书逻辑清晰，内容全面，从环境保护的基础理论出发，由浅入深、层层递进，对环境污染与保护治理、环境管理及其可持续发展、生态文明与生态文明教育进行解读，对研究环境保护与生态文明教育的人员具有一定参考价值。

本书的撰写得到了许多专家学者的帮助和指导，在此表示诚挚的谢意。由于笔者水平有限，加之时间仓促，书中所涉及的内容难免有疏漏与不够严谨之处，希望各位读者多提宝贵意见，以待进一步修改，使之更加完善。

目 录

第一章 环境保护概论

第一节 环境与环境污染

一、环境

（一）环境的概念

环境是相对于中心事物而言的，是相对于主体的客体。环境是指影响人类生存和发展的各种天然的和经过人工改造的自然因素的总体，包括大气、水、海洋、土地、矿藏、森林、草原、野生生物、自然遗迹、人文遗迹、风景名胜区、自然保护区、城市和乡村等。

在环境科学领域，环境的含义是以人类社会为主体的外部世界的总体。按照这一定义，环境包括了已经为人类所认识的直接或间接影响人类生存和发展的物理世界的所有事物。它既包括未经人类改造过的众多自然要素，如阳光、空气、陆地、天然水体、天然森林和草原、野生生物等，也包括经过人类改造过和创造出的事物，如水库、农田、园林、村落、城市、工厂、港口、公路、铁路等。它既包括这些物理要素，也包括由这些要素构成的系统及其所呈现的状态和相互关系。

环境是人类进行生产和生活的场所，是人类生存和发展的物质基础。人类对环境的改造不像动物那样，只是以自己的存在来影响环境，用自己的身体来适应环境，而是以自己的劳动来改造环境，把自然环境转变为新的生存环境，而新的生存环境再反作用于人类。在这一反复曲折的过程中，人类在改造客观世界的同时也改造着自己。人类的生存环境不是从来就有的，它的形成经历了一个漫长的发展过程。人类赖以生存的环境，就是这样由简单到复杂，由低级到高级发展而来的。它既不是单纯地由自然因素构成，也不是单纯地由社会因素构成。它凝聚着自然因素和社会因素的交互作用，体现着人类利用和改造自然的性质和水平，影响着人类的生产和生活，关系着人类的生存和健康。

人类对自然的利用和改造的深度和广度，在时间上是随着人类社会的发展而发展的，在空间上是随着人类活动领域的扩张而扩张的。虽然，迄今为止，人类主要还是居住于地球表层，但有人根据月球引力对海水的潮汐有影响的事实，提出月球能否视为人类生存环境的问题。现阶段没有把月球视为人类的生存环境，任何一个国家的《环境保护法》也没有把月球规定为人类的生存环境，因为它对人类的生存和发展影响很小。但是，随着宇宙航行和空间科学技术的发展，总有一天人类不但要在月球上建立空间实验站，还要开发利用月球上的自然资源，使地球上的人类频繁往来于月球与地球之间。到那时，月球当然就会成为人类生存环境的重要组成部分。所以，人们要用发展的、辩证的观点来认识环境。

（二）环境的分类

环境是一个庞大而复杂的体系，人们可以从不同的角度根据不同原则，按照人类环境的组成和结构关系将它进行不同的分类。

按照环境的范围大小，可把环境分为特定的空间环境、车间环境、生活区环境、城市环境、区域环境、全球环境和星际环境等。

按照环境的要素，可把环境分为大气环境、水环境、土壤环境、生物环境和地质环境等。

按照环境的功能，可把环境分为生活环境和生态环境。

按照环境的主体，可以分为两种体系：一种是以生物体作为环境的主体，而把生物以外的物质看成环境要素；另一种是以人或人类作为主体，其他的生物和非生命物质都被视为环境要素，即环境指人类生存的氛围。在环境科学中采用的就是第二种分类方法，即趋向于按环境要素的属性进行分类，把环境分为自然环境和社会环境两种。

自然环境是社会环境的基础，而社会环境又是自然环境的发展。自然环境是指环绕人们周围的各种自然因素的总和，如大气、水、植物、动物、土壤、岩石矿物、太阳辐射等。自然环境是人类赖以生存的物质基础。通常把这些因素划分为大气圈、水圈、生物圈、土壤圈、岩石圈五个自然圈。人类是自然的产物，而人类的活动又影响着自然环境。

社会环境是指人类在自然环境的基础上，为不断提高物质和精神文化生活水平，通过长期有计划、有目的的发展，逐步创造和建立起来的高度人工化的生存环境，即由于人类活动而形成的各种事物。

（三）环境的组成

人类的生存环境，可由近及远、由小到大地分为聚落环境、地理环境、地质环境和星际环境，形成一个庞大的多级谱系。

1.聚落环境

聚落是人类聚居的场所、活动的中心。聚落内及其周边生态条件，成为聚落人群生存质量、生活质量和发展条件的重要内容。聚落及其周围的地质、地貌、大气、水体、土壤、植被及其所能提供的生产力潜力，聚落与外界交流的通达条件等，直接影响着区域内居民的健康、生活保障和发展空间。聚落的形成及其在不同地区、不同民族所表现的不同模式，是人、地关系和区域社会经济历史演化的结果。聚落环境是与人类的工作和生活关系最密切、最直接的环境，人们一生大部分时间是在这里度过的，因此历来都引起人们的关注和重视。

聚落环境根据其性质、功能和规模可分为院落环境、村落环境、城市环境等。

（1）院落环境。院落环境是由一些功能不同的建筑物和与其联系在一起的场院组成的基本环境单元，如我国西南地区的竹楼、内蒙古草原的蒙古包、陕北的窑洞、北京的四合院、机关大院以及大专院校等。院落环境的结构、布局、规模和现代化程度是很不相同的，因而，它的功能单元分化的完善程度也是很悬殊的。院落环境是人类在发展过程中适应自己生产和生活的需要，而因地制宜创造出来的。

院落环境在保障人类工作、生活和健康，促进人类发展中起到了积极的作用，但也相应地产生了消极的环境问题，其主要污染源来自生活"三废"。院落环境污染量大面广，已构成了难以解决的环境问题。所以，在今后聚落环境的规划设计中，要加强环境科学的观念，以便在充分考虑到利用和改造自然的基础上，创造出内部结构合理并与外部环境协调的院落环境。目前，提倡院落环境园林化，在室内、室外，窗前房后种植瓜果、蔬菜和花草，美化环境，净化环境，调控人类、生物与大气之间的二氧化碳与氧气平衡。这样就把院落环境建造成一个结构合理、功能良好、物尽其用的人工生态系统。

（2）村落环境。村落主要是农业人口聚居的地方。由于自然条件的不同，以及农、林、牧、副、渔等农业活动的种类、规模和现代化程度的不同，所以无论是从结构、形态、规模上，还是从功能上来看，村落的类型都是多种多样的，如有平原上的农村，海滨湖畔的渔村，深山老林的山村等，因而，它所遇到的环境问题也是各不相同的。

村落环境的污染主要来源于农业污染及生活污染源。特别是农药、化肥的使用和污染有日益增加和严重的趋势，影响农副产品的质量，威胁人们的健康。因此，必须加强农药、化肥的管理，严格控制施用剂量、时机和方法，并尽量利用综合性生物防治来代替农药防治，用速效、易降解农药代替难降解的农药，尽量多施用有机肥，少用化肥，提高施肥技术和效果。总之，要开展综合利用，使农业和生活废弃物变废为宝，化害为利，发挥其积极作用。

除此之外，生产方式的变迁也是造成村落环境污染的原因之一。城市化的浪潮席卷农村之后，为村民提供了更广阔的就业空间和多样的谋生手段，大部分年轻的村民都去城区打工，村中只剩下留守儿童和老人。有的田地开始荒芜，且相当一部分村民在原来的田地上建造了房屋，水土得不到保持。自来水的推广和普及，使得河水被替代。村民维护水和土地的意识不断减弱，面对经济效益的诱惑，个别村民以牺牲环境来维持生计。农村对污染企业具有诸多诱惑，主要包括：①农村资源丰富，一些企业可以就地取材，成本低廉；②使用农村劳动力成本很低，像小钢铁、小造纸这样的一些污染企业，落户农村后，一般都以附近村民为主要用工对象；③农村地广人稀，排污隐蔽。因此，近年来大部分污染企业开始进驻农村，村落环境成了污染企业的转移地。

（3）城市环境。城市环境是人类利用和改造环境而创造出来的高度人工化的生存环境。城市是随着私有制及国家的出现而出现的非农业人口聚居的场所。随着资本主义社会的发展，城市更加迅速地发展起来，世界性城市化日益加速进行。所谓城市化就是农村人口向城市转移，城市人口占总人口的比率变化的趋势增大。

城市是人类在漫长的实践过程中，通过对自然环境的适应、加工、改造、重新建造的人工生态系统。如今，世界上约有80％的人口都居住在城市。城市有现代化的工业、建筑、交通、运输、通讯联系、文化娱乐设施及其他服务行业，为居民的物质和文化生活创造了优越条件，但也因人口密集、工厂林立、交通频繁等，而使环境遭受严重的污染和破坏，威胁人们安全，影响人们宁静而健康的工作和生活。

2.地理环境

地理环境是能量的交错带，位于地球表层，即岩石圈、水圈、土壤圈、大气圈和生物圈相互作用的交错带上，包括了全部的土壤圈。

地理环境具有三个特点：①具有来自地球内部的内能和主要来自太阳的外部能量，并彼此相互作用；②具有构成人类活动舞台和基地的三大条件，即常温常压的物理条件、适当的化学条件和繁茂的生物条件；③这一环境与人类的生产和生活密切相关，直接影响着人类的饮食、呼吸、衣着和住行。由于地理位置不同，地表的组成物质和形态不同，水热条件不同，地理环境的结构具有明显的地带性特点。因此，保护好地理环境，就要因地制宜地进行国土规划、区域资源合理配置、结构与功能优化等。

3.地质环境

地质环境主要是指地表以下的坚硬壳层，即岩石圈。地质环境是地球演化的产物。岩石在太阳能作用下的风化过程，使固结的物质解放出来，参加到地理环境中去，参加到地质循环以至星际物质大循环中去。

目前，人类每年从地壳中提取大量的金属和非金属原料，还从煤、石油、天然气、地下水、地热和放射性等物质中获取大量能源。随着科学技术水平的不断提高，人类对地质环境的影响也更大了，一些大型工程直接改变了地质环境的面貌，同时也是一些自然灾害（如山体滑坡、山崩、泥石流、地震、洪涝灾害）的诱发因素，这是值得引起高度重视的。

4.星际环境

星际环境是指地球大气圈以外的宇宙空间环境，由广袤的空间、各种天体、弥漫物质以及各类飞行器组成。星际环境好像距我们很遥远，但是它的重要性却是不容忽视的。地球属于太阳系的一个成员，人类生存环境中的能量主要来自太阳辐射。人类居住的地球距太阳不近也不远，正处于可居住区之内，转动得不快也不慢，轨道离心率不大，致使地理环境中的一切变化既有规律又不过度剧烈，这些都为生物的繁茂昌盛创造了必要的条件。迄今为止，地球是我们所知道的唯一有人类居住的星球。人类如何充分有效地利用这种优越条件，特别是如何充分有效地利用太阳辐射这个既丰富又洁净的能源，在环境保护中是十分重要的。

二、环境污染

"我国的工业生产也在快速发展，随之产生了较大的环境污染问题，如温室气体排放超标、环境恶化、大气污染等，对人们的日常生活与身体健康造成了严重的不良影响。"①

（一）环境污染对生态系统的影响

当各种物理、化学和生物因素进入大气、水、土壤环境，如果其数量、浓度和持续时间超过了环境的自净力所能消化的量，以致破坏了生态平衡，影响人体健康，造成经济损失时，称为环境污染。环境污染的产生是一个从量变到质变的过程，目前环境污染产生的原因主要是资源的浪费和不合理的使用，使有用的资源变为废物进入环境而造成危害。

环境污染会给生态系统造成直接的破坏和影响，如沙漠化、森林破坏，也会给生态系统和人类社会造成间接的危害，有时这种间接的环境效应的危害比当时造成的直接危害更大，也更难消除。例如，温室效应、酸雨和臭氧层破坏就是由大气污染衍生出的环境效应。这种由环境污染衍生的环境效应具有滞后性，在污染发生的当时不易被察觉或预料到，然而一旦发生就表示环境污染已经发展到相当严重的地步。环境污染的最直

---

① 陈涛．大气环境污染监测及环境保护对策［J］．科技资讯，2022，20（16）：122.

接、最容易被人类所感受的后果是使人类环境的质量下降，影响人类的生活质量、身体健康和生产活动。例如，城市的空气污染造成空气污浊，人们的发病率上升等；水污染使水环境质量恶化，饮用水源的质量普遍下降，威胁人的身体健康。环境污染是指人类直接或间接地向环境排放超过其自净能力的物质或能量，从而使环境的质量降低，对人类的生存与发展、生态系统和财产造成不利影响的现象。

（二）环境污染对人体健康的影响

环境是人类生存的空间，不仅包括自然环境，日常生活、学习、工作环境，还包括现代生活用品的科学配置与使用。环境污染不仅影响我国社会经济的可持续发展，也突出地影响人民群众的安全健康和生活质量，如今已受到人们越来越多的关注。人类健康的基础是人类的生存环境，只有生物多样性丰富、稳定和持续发展的生态系统，才能保证人类健康的稳定和持续发展，而环境污染是人类健康的大敌，生命与环境最密切的关系是生命利用环境中的元素建造自身。

1.环境污染物影响人体健康的特点

对人体健康有影响的环境污染物主要来自工业生产过程中形成的废水、废气、废渣，包括城市垃圾等。环境污染物影响人体健康的特点包括：①影响范围大，因为所有的污染物都会随生物地球化学循环而流动，并且对所有的接触者都有影响；②作用时间长，因为许多有毒物质在环境中及人体内的降解较慢。

2.环境污染对人体健康的影响因素

（1）污染物的理化性质。环境污染物对人体健康的危害程度与污染物的理化性质有着直接的关系。如果污染物的毒性较大，即便污染物的浓度很低或污染量很小，仍能对人体造成危害。例如，氰化物属剧毒物质，即便人体摄入量很低，也会产生明显的危害作用，但也有些污染物转化成为新的有毒物质而增加毒性，如汞经过生物转化形成甲基汞，毒性增加；有些毒物如汞、砷、铅、铬、有机氯等，虽然其浓度并不很高，但这些物质在人体内可以蓄积，最终危害人体健康。

（2）剂量或强度。环境污染物能否对人体产生危害以及危害的程度，主要取决于污染物进入人体的剂量。

第一，有害元素和非必需元素。这些元素因环境污染而进入人体的剂量超过一定程度时可引起异常反应，甚至进一步发展成疾病，对于这类元素主要是研究制订其最高容许量的问题。

第二，必需元素。一方面环境中必需元素的含量过少，不能满足人体的生理需要时，会使人体的某些功能发生障碍而形成一系列病理变化；另一方面，如果环境中必需元素的含量过多，也会引起程度不同的中毒性病变。因此，对于这类元素不仅要研究和制订环境中最高容许浓度，而且还要研究和制订最低供应量的问题。

（3）作用时间。毒物在体内的蓄积量受摄入量、生物半减期和作用时间三个因素的影响。很多环境污染物在机体内有蓄积性，随着作用时间的延长，毒物的蓄积量将加大，达到一定浓度时，就会引起异常反应并发展成疾病，这一剂量可以作为人体最高容许限量，称为中毒阈值。

（4）环境因素的联合作用。化学污染物对人体的联合作用，按其量效关系的变化有以下类型：

第一，相加作用。相加作用是指混合化学物质产生联合作用时的毒性为单项化学物质毒性的总和。如CO和氟利昂都能导致缺氧，丙烯和乙腈都能导致窒息，因此它们的联合作用特征表现为相加作用。

第二，独立作用。由于不同的作用方式、途径，每个同时存在的有害因素各产生不同的影响。但是混合物的毒性仍比单种毒物的毒性大，因为一种毒物常可降低机体对另一毒物的抵抗力。

第三，协同作用。当两种化学物质同时进入机体产生联合作用时，其中某一化学物质可使另一化学物质的毒性增强，且其毒性作用超过两者之和。

第四，拮抗作用。一种化学物能使另一种化学物的毒性作用减弱，即混合物的毒性作用低于两种化学物中任一种的单独毒性作用。

3.环境污染对人体健康的危害

环境污染对人体健康的不利影响，是一个十分复杂的问题。有的污染物在短期内通过空气、水、食物链等多种介质侵入人体，或几种污染物联合大量侵入人体，造成急性危害。也有些污染物，小剂量持续不断地侵入人体，经过相当长时间才显露出对人体的慢性危害或远期危害，甚至影响子孙后代的健康。这是环境医学工作者面临的一项重大研究课题。环境污染对人体造成的危害主要是急性、慢性和远期危害。

（1）急性危害。急性危害是指在短期内污染物浓度很高，或几种污染物联合进入人体可使暴露人群在较短时间内出现不良反应、急性中毒甚至死亡的危害。通常发生在特殊情况下，例如，光化学烟雾就是汽车尾气中的氮氧化物和碳氢化合物在阳光紫外线照射下，形成光化学氧化剂O_3、NO_2、NO和过氧乙酰硝酸酯等，与工厂排出的SO_2遇水分产生硫酸雾相结合而形成的光化学烟雾。当大气中光化学氧化剂浓度达到0.1×10^{-6}以上时，就能使竞技水平下降，达到$(0.2 \sim 0.3) \times 10^{-6}$时，就会造成急性危害。主要是刺激呼吸道黏膜和眼结膜，引起眼结膜炎、流泪、眼睛疼、嗓子疼、胸疼，严重时会造成操场上运动的学生突然晕倒，出现意识障碍。经常受害者能加速衰老，缩短寿命。

（2）慢性危害。慢性危害是指污染物在人体内转化、积累，经过相当长时间才出现病症的危害。慢性危害的发展一般具有渐进性，出现的有害效应不易被察觉，一旦出现了较为明显的症状，往往已成为不可逆的损伤，造成严重的健康后果。

第一，大气污染对呼吸道慢性炎症发病率的影响。大气污染物对呼吸系统的影响，不仅使上呼吸道慢性炎症的发病率升高，同时还由于呼吸系统持续不断地受到飘尘、SO_2、NO_2等污染物刺激腐蚀，使呼吸道和肺部的各种防御功能相继遭到破坏，抵抗力逐渐下降，从而提高了对感染的敏感性。这样一来，呼吸系统在大气污染物和空气中微生物联合侵袭下，危害就逐渐向深部的细支气管和肺泡发展，继而诱发慢性阻塞性肺部疾患及其续发感染症。这一发展过程，又会不断增加心肺的负担，使肺泡换气功能下降，肺动脉氧气压力下降，血管阻力增加，肺动脉压力上升，最后因右心室肥大，右心功能不全而导致肺心病。

第二，铅污染对人体健康的危害。环境中铅的污染来源主要有两方面：①工矿企业，由于铅、锌与铜等有色金属多属共生矿，在其开采与冶炼过程中，铅制品制造和使用过程中，铅随着废气、废水、废渣排入环境而造成大气、土壤、蔬菜等污染；②汽车排气，汽车用含四乙铅的汽油作燃料。

第三，水体和土壤污染对人体造成的慢性危害。水体污染与土壤污染对人体造成慢性危害的物质主要是重金属。如汞、铬、铅、镉、砷等生物毒性显著的重金属元素及其化合物，进入环境后不能被生物降解，且具有生物累积性，直接威胁人类健康。

（3）远期危害。远期危害是指环境污染物质进入人体后，经过一段较长（有的长达数十年）的潜伏期才表现出来，甚至有些会影响子孙后代的健康和危害其生命。远期危害目前最受关注的，主要包括致癌作用、致畸作用和致突变作用。

第一，致癌作用是指能引起或引发癌症的作用。人类癌症由病毒等生物因素引起的不超过5%；由放射线等物理因素引起的占5%以下；由化学物质引起的约占90%，而这些物质主要来自环境污染。例如，近年来，随着城市工业的迅猛发展，大量排放废气污染空气，工业发达国家肺癌死亡率急剧上升。人类常见的八大癌症有四种在消化道（食管癌、胃癌、肝癌、肠癌），两种在呼吸道（肺癌、鼻咽癌），因此癌症的预防重点是空气与食物的污染。

第二，致畸作用是指环境污染物质通过人或动物母体影响动物胚胎发育与器官分化，使子代出现先天性畸形的作用。随着工业迅速发展，大量化学物质排入环境，由于孕期摄入毒物而引发的胎儿畸形发生率明显增加。另外，致过敏也是污染物造成的远期危害之一。

第三，致突变作用是指污染物或其他环境因素引起生物体细胞遗传信息发生突然改变的作用。这种变化的遗传信息或遗传物质在细胞分裂繁殖过程中能够传递给子代细胞，使其具有新的遗传特性。

第二节　环境保护生态学基础

一、生态学

（一）生态学的定义

生态学是研究生物与其生活环境之间相互关系及其作用机理的科学。这里所说的生物有动物、植物、微生物（包括人类在内）；而生活环境是指各种生物特定的生存环境，包括非生物环境和生物环境。非生物环境如空气、阳光、水和各种无机元素等；生物环境指主体生物以外的其他一切生物。由此可见，生态学不是孤立地研究生物，也不是孤立地研究环境，而是研究生物与其生存环境之间的相互关系。这种相互关系具体体现在生物与其环境之间的作用与反作用、对立与统一、相互依赖与相互制约、物质循环与能量循环等几个方面，现代生态学研究范围已扩大到包括经济、社会、人文等领域。

（二）生态学的发展

纵观生态学的发展，可分为两个阶段。

1.生物学分支学科阶段

20世纪60年代以前，生态学基本上局限于研究生物与环境之间的相互关系，属于生物学的一个分支学科，初期生态学主要是以各大生物类群与环境相互关系为研究对象，因而出现了植物生态学、动物生态学、微生物生态学等。进而以生物有机体的组织层次与环境的相互关系为研究对象出现了个体生态学、种群生态学和生态系统。

个体生态学主要研究各种生态因子对生物个体的影响。各种生态因子包括光照、温度、大气、水、湿度、土壤、地形、环境中的各种生物以及人类的活动等。各种生态因子对生物个体的影响主要表现在引起生物个体新陈代谢的质和量的变化，物种的繁殖能力和种群密度的改变，以及对种群地理分布的限制等。

种群生态学从20世纪30年代开始，就成为生态学中的一个主要领域。种群是在一定空间和时间内同一种生物的集合，但是，它是通过种群内在关系调节组成的一个新的有机统一体，它具有个体所没有的特征，如种群增长型、密度、出生率、死亡率、年龄结构、性别比、空间分布等。种群生态学主要是研究种群与其环境相互作用下，种群在空间分布和数量变动的规律，如种群密度、出生率、死亡率、存活率和种群增长规律及其调节等。

群落生态学是以生物群落为研究对象。生物群落是在某一时间内、某一区域中不同种生物的总和。一般来说，一个群落中有多个物种，生物个体也是大量的。群落的多样性和稳定性已成为群落生态学的重点研究课题。

到20世纪60年代开始了以生态系统为中心的生态学，这是生态学发展史上的飞跃。生态系统是指在自然界一定的空间内，生物与环境构成的统一整体。即把生物与生物、生物与环境以及环境各因子之间的相互作用、相互制约的关系，作为一个系统来研究。

2.综合性学科阶段

20世纪50年代后半期以来，由于工业的迅猛发展、人口膨胀，导致粮食短缺、环境污染、资源紧张等一系列世界性问题出现，迫使人们不得不去寻求协调人与自然的关系，探求全球可持续发展的途径，这一社会需求推动了生态学的发展，使其超越了自然科学的范畴，迅速发展为当代最活跃的前沿科学之一。近代系统科学、控制论、电子计算机、遥感和超微量物质分析的广泛应用，为深入探索复杂系统的功能和机制提供了更为科学和先进的手段，这些相邻学科的感召效应促进了生态学的高速发展。

总之，生态学不仅限于研究生物圈内生物与环境的辩证关系及相互作用的规律，也不仅限于人类活动（主要是经济活动）与生物圈（自然生态系统）的关系，而是扩展到了研究人类与社会圈或技术圈的关系，如文化生态学、教育生态学、社会生态学、城市生态学、工业生态学等。当前，我国对环境污染与破坏的控制，仍然以城市环境综合整治与工业污染防治为重点，运用城市生态学和工业生态学理论制定城市和工业污染防治规划，制定城市生态规划和制定工业生态规划方案，发展生态农业。由此可见，生态学在原有学科理论与方法的基础上，与环境科学及其他相关学科相互渗透，向纵深发展并不断拓宽自己的领域。生态学已逐渐发展成为一门指导人类以系统、整体观念来对待和管理地球和生物圈的科学。

二、生态系统

地球上的生物不可能单独存在，如同一个人离不开人类社会一样，而总是多种生物通过各种方式，彼此联系而共同生活在一起，组成一个生物的社会，称生物群落（植物群落、动物群落、微生物群落）。生物群落与环境之间的联系是密不可分的，它们彼此联系、相互依存，相互制约、共同发展、形成一个有机联系的整体，称生态系统。

生态系统是指一定的地域或空间内，生存的所有生物和环境相互作用，具有一定的能量流动、物质循环和信息联系的统一体。简言之，生态系统是指生命系统与环境系统在特定空间的组合。在这个统一整体中，生物与环境之间相互影响、相互制约，不断演变并在一定时期内处于相对稳定的动态平衡状态。生态系统具有一定的组成、结构和功能，是自然界的基本结构单元。

生态系统的范围可大可小。大至整个生物圈、整个海洋、整个大陆；小至一片草地、一个池塘、一片农田、一滴有生命存在的水。小的生态系统可以组成大的生态系统，简单的生态系统可构成复杂的生态系统，丰富多彩的生态系统合成一个最大的生态系统称生物圈。

生态系统除自然的以外，还有人工生态系统，如水库、农田、城市、工厂。现在人类已逐渐认识到自己和周围环境是一个整体，把自己的事和环境联系成一个系统来考虑。产生了人类生态系统、社会生态系统以便更好地保持人类和环境之间的平衡。

（一）生态系统的组成

地球表面任何一个生态系统（不论是陆地还是水域，或大或小），都是由生物和非生物环境两大部分组成。或者分为非生物环境、生产者、消费者和分解者四种基本成分。

1.生物部分

生态系统中有许许多多的生物。按照它们在生态系统中所处的地位和作用不同，可以分为以下类群：

（1）生产者。生产者是生态系统的基础，指能制造有机物质的自养生物，主要是绿色植物，也包括少数能自营生活的微生物，如光能合成细菌和化能合成细菌也能把无机物合成为有机物。

绿色植物体内含有叶绿素，通过光合作用把吸收来的 CO_2、H_2O 和土壤中的无机盐类转化为有机物质（如糖、蛋白质、脂肪），把太阳能以化学能的形式固定在有机物质中。这些有机物质是生态系统中其他生物维持生命活动的食物来源，故把绿色植物称为生产者。如果没有这个绿色加工厂源源不断地生产有机物质，整个生态系统的其他生物就无法生存。因此，破坏森林、草原植被就等于破坏整个生态系统。除绿色植物外，光能合成细菌和化能合成细菌，也能把无机物合成为有机物。但化能合成细菌在合成有机物时，是靠氧化无机物获得能量。如硝化细菌，能把氨氧化为亚硝酸和硝酸，利用氧化过程中释放出来的能量，把二氧化碳和水合成为有机物。虽然光能合成细菌或化能合成细菌合成的有机物不多，但它们对某些营养物质的循环有重要意义。

（2）消费者。消费者是指直接或间接利用绿色植物所制造的有机物质为食的异养生物。主要指动物，也包括某些腐生或寄生的菌类。根据食性不同或取食的先后，又可以将它们分为以下种类：

第一，草食动物。以植物的叶、果实、种子为食的动物，如动物中的牛、羊、兔、骆驼，昆虫类中的菜青虫、蝉等。在生态系统中，绿色植物所制造的有机物首先由它们来享受，所以又称初级消费者。

第二，肉食动物。以草食动物或其他弱小动物为食，如狐狸、青蛙、狼、虎、豹鹰、鲨鱼等。消费者的级别没有严格界限，有许多为杂食动物。

第三，寄生动物。寄生在其他动植物体内，靠汲取宿主营养为生，如虱子、蛔虫、菟丝子、线虫等。有益昆虫赤眼蜂，寄生在危害农作物螟虫的卵块中，汲取螟虫卵块的养分；金小蜂产卵在棉铃虫体内，孵化后的幼虫汲取棉铃虫体内的养分生活。

第四，腐食动物。以腐烂的动植物残体为食，如老鹰、屎壳郎等。

第五，杂食动物。它们的食物是多种多样的，既吃植物，也吃动物，如麻雀、熊、鲸鱼、赤狐等。

消费者在生态系统中的作用主要包括：①实现物质和能量的传递，如草—兔子—狼；②实现物质的再生产，如草食动物把植物蛋白生产为动物蛋白；③对整个生态系统起自动调节的能力，尤其是对生产者过度生长、繁殖起控制作用。

（3）分解者。分解者主要指具有分解能力的细菌和真菌等微生物，也包括某些以有机碎屑为食的小型动物（如蜈蚣、蚯蚓、土壤线虫等），属于异养生物。分解者的作用在于将生产者和消费者的残体分解为简单的无机物。转变者也是细菌，它是将分解后的无机物转变为可供植物吸收利用的养分。所以，分解者对于生态系统的物质循环，具有非常重要的作用。

分解者是生态系统的"清洁工"。如果没有分解者，死亡的有机体就会堆积起来，使营养物质不能在生物和非生物之间循环，最终使生态系统成为无源之水。所以分解者起到物质循环、能量流动、净化环境的重要作用。

植物是基础，是一切生物食物的来源，没有生产者，一切消费者就会饿死；而没有分解者，物质循环也会中止，其后果不堪设想；动物是名副其实的消费者，它们不会进行初级生产，只会消耗现成的有机物，没有它们，似乎生态系统仍然能够存在，但从长远看，没有动物，植物同样难以持久生存。如许多植物要靠昆虫传粉或其他动物传播种子，如果没有动物啃食，草原也会由于生长过盛而导致衰亡。物种与物种之间、生物与环境之间互相作用、互相依存，在漫长的进化过程中，逐渐形成了一个统一的整体。这个整体就是由环境、生产者、消费者和分解者共同组成的，不断进行物质循环、能量循环及信息传递的生态系统。

2.非生物部分

无生命物质也称为非生物成分，是生态系统中生物赖以生存的物质和能量的源泉及活动场所，可分为：原料部分，主要是阳光、O_2、CO_2、H_2O、无机盐及非生命的有机物；媒质部分，指水、土壤、空气等；基质，指岩石、砂、泥等。

非生物成分在生态系统中的作用，一方面是为各种生物提供必要的生存环境；另一方面是为各种生物提供必要的营养元素，是生态系统正常运转的物质和能量基础。

（二）生态系统的结构

生态系统中各个组成部分之间绝不是毫无关系的堆积，它们是有一定结构的。生态系统的结构包括两个方面的含义：①组成成分及其营养关系；②各种生物的空间配置（分布）状态。具体地说，生态系统的结构包括形态结构（物种结构和空间结构）和营养结构。

1.生态系统的形态结构

生态系统的生物种类、种群数量、种的空间配置（水平分布、垂直分布）和时间变化等，构成了生态系统的形态结构。

（1）物种结构是指在生态系统中各类物种在数量上的分布特征。生态系统中组成成分之间存在一定的数量关系，如排列组合关系、数量比例关系等。例如，森林生态系统乔木、灌木和草本植物都有不同的数量和比例关系，单一树种的单纯林、多树种的混交林和无乔木的灌木林的结构与功能肯定不同。

（2）空间结构是指生物群落的空间格局状况。水平结构指在水平分布上，林缘和林内的植物、动物的分布也明显不同；垂直结构指不同生物占据不同的空间，它们在空间分布上有明显的分层现象。例如，在森林生态系统中，乔木占据上层空间，灌木占据下层空间；鸟类在林冠上层，兽类在林地上；在森林中栖息的各种动物，也都有其各自相对的空间分布位置。

形态结构的表现是时间变化。同一生态系统，在不同的时期或不同季节，存在着有规律的时间变化。如随着时间的变化，森林在幼年、中年及老年期的结构是有变化的。又如，一年四季中森林的结构也有波动，春季发芽，夏季鲜花遍野，秋季硕果累累，冬季白雪覆盖，昆虫和鸟类迁徙，气象万千。不仅在不同季节有着不同的季相变化，就是昼夜之间，其形态也会表现出明显的差异。

2.生态系统的营养结构

生态系统各组成部分之间建立起来的营养关系，构成了生态系统的营养结构。营养结构是生态系统能量流动、物质循环的基础。生产者可向消费者和分解者分别提供营养，消费者也可向分解者提供营养，分解者又可把营养物质输送给环境，由环境再供给生产者。这既是物质在生态系统中的循环过程，也是生态系统营养结构的表现形式。不同生态系统的成分不同，其营养结构的具体表现形式也会不同。

（三）生态系统的功能

1.能量流动

生态系统的能量流动是指能量通过食物网在系统内的传递和耗散过程。能量流动是生态系统的主要功能之一。没有能量流动就没有生命，就没有生态系统。能量是生态系统的动力，是一切生命活动的基础。

生态系统中的全部生命活动所需要的能量均来自太阳。绿色植物通过光合作用吸收和固定太阳能，将太阳能变为化学能，一方面满足自身生命活动的需要；另一方面供给异养生物生命活动所需要的能量。太阳能进入生态系统，并作为化学能，沿着生态系统中生产者、消费者、分解者流动，在生态系统中的流动和转化是遵循热力学定律进行的，即服从于热力学第一定律（能量守恒）、第二定律（单向流）和十分之一法则（能量损耗规律）。

由此可见，生态系统中能量流动有两个特点：①能量沿生产者和各级消费者顺序流动，逐步减少；②能量只能朝单一方向，是不可逆的。

2.物质循环

生态系统中，生物为了生存不仅需要能量，也需要物质，没有物质满足有机体的生长发育需要，生命就会停止。与能量流动不同，物质在生态系统中的流动则构成一个循环的通道，称为物质循环。有了物质循环运动，资源才能更新，生命才能维持，系统才能发展。例如，生物呼吸要消耗大量氧气，而空气中的氧气含量并无大的改变；动物每天要排泄大量粪便，动植物死亡的残体也要留在地面，然而经过漫长的岁月，这些粪便、残体并未堆积如山。这正是由于生态系统存在着永续不断的物质循环，人类才有良好的生存环境。

3.信息联系

当今时代是信息时代，信息是现实世界物质客体间相互联系的形式，在沟通生物群落内各种生物种群之间关系、生物种群和环境之间关系方面，生态系统的信息联系起着重要作用。生态系统中的信息联系形式主要有营养信息、化学信息、物理信息和行为信息。

（1）营养信息。营养信息是生态系统中以食物链和食物网为代表的一种信息联系。通过营养交换把信息从一个种群传到另一个种群。以草本植物—鼠类—鹌鹑—猫头鹰组成的食物链为例，可表示为：当鹌鹑数量较多时，猫头鹰大量捕食鹌鹑，鼠类很少受害；当鹌鹑数量较少时，猫头鹰转而大量捕食鼠类。这样通过猫头鹰捕捉鼠类的轻与重，向鼠类传递了鹌鹑多少的信息。再如，在草原上羊与草这两个生物种群之间，当羊多时，草就相对少了；草少了反过来又使羊减少。因此，从草的多少可以得到羊的饲料是否丰富的信息，以及羊群数量的信息。

（2）化学信息。在生态系统中，有些生物在特定的条件下，或某个生长发育阶段，分泌出某些特殊的化学物质（如性激素、生长素等化学物质），这些分泌物对生物不是提供营养，而是在生物个体或种群之间起着某种信息传递的作用。如蚂蚁爬行留下的化学痕迹，是为了让其他蚂蚁跟随；许多哺乳动物通过尿液来标识自己的行踪和活动领域；许多动物的雌性个体释放体外性激素招引种内雄性个体等。化学信息对集群生物整体性的维持具有重要作用。

（3）物理信息。物理信息指通过声音、颜色、光等物理现象传递的信息。如鸟鸣、虫叫、兽吼都可以传达安全、惊慌、恐吓、警告、求偶、寻食等各种信息，花、蘑菇等的颜色可以传递毒性等信息。

（4）行为信息。行为信息指动物可以通过自己的各种行为向同伴们发出识别、威吓、求偶和挑战等信息。如燕子在求偶时，雄燕会围绕雌燕在空中做出特殊的飞行形式；丹顶鹤求偶时，会双双起舞；蜜蜂用蜂舞来表示蜜源的远近和方向。尽管现代的科学水平对这些自然界的对话之谜尚未完全解开，但这些信息对种群和生态系统调节的重要意义，是完全可以肯定的。

生态系统正是通过能流、物流和信息流的传递，使生物和非生物成分相互依赖、相互制约、环环相扣、相生相克形成网络状复杂的有机统一体，从而使生态系统具有一定适应性和相对稳定性。如果生态系统能流、物流和信息流的传递中任一个环节出了问题，生态系统的稳定性就要受到影响。

三、生态平衡

在一定时间内，生态系统中生物与环境之间、生物各种群之间，通过能流、物流、信息流的传递，达到了互相适应、协调和统一的状态，处于动态的平衡之中，这种动态平衡称为生态平衡。生态平衡应包括以下方面：

第一，阶段性。指生态系统发展到成熟阶段，这时生态系统中所有的生活空间都被各种生物所占据，环境资源被最合理、最有效的利用，生物彼此间协调生存，且在较长时间内保持平衡。

第二，稳定性。系统内的物种数量和种群相对平稳，有完整的营养结构和典型的食物链关系。

第三，平衡性。能量和物质的输入和输出平衡。

第四，动态性。生态系统的结构与功能经常处于动态的变化中，动态变化表现为生态系统中的生物个体总是在不断地出生和死亡，物质和能量不断地从无机环境进入生物群落，又不断地从生物群落返回到无机环境中；生态系统有抗干扰自恢复能力和抗污染自净化能力。

（一）生态平衡的特点

1.生态平衡是一种动态平衡

能量流动和物质循环总在不间断地进行着，生物个体也在不断地更新，它的各项指标，如生产量、生物的种类和数量，都不是固定在某一水平上，而是在某个范围内不断变化着。动态性同时还表现生态系统具有自我调节和维持平衡状态的能力。当生态系统的某一部分发生改变而引起不平衡时，系统依靠自我调节能力，使其进入新的平衡状态。例如，在森林生态系统中，植食性昆虫多了，林木会受到危害，但这是暂时的，由于昆虫的增多，鸟类因食物丰富而增多。这样一来，昆虫的数量就会受到鸟类的抑制，林木的生长就会恢复正常。

生态系统的能量流动和物质循环以多种渠道进行着，如果某一渠道受阻，其他渠道就会发挥补偿作用。对污染物的入侵，生态系统表现出一定的自净能力，也是系统调节的结果。生态系统的结构越复杂，能量流和物质循环的途径越多，其调节能力或者抵抗外力影响的能力就越强。例如，若草原生态系统中只有青草—野兔—狼构成简单食物链，那么一旦某种原因野兔数量减少，狼就会因食物减少而减少。若野兔消失，则草疯长，系统崩溃；若还有山羊、鹿等其他草食动物，野兔少了，狼可以捕杀其他草食动物，使野兔得以恢复，系统可以继续维持平衡。结构越简单，生态系统维持平衡的能力就越弱。生态系统的调节能力再强，也有一定限度，超出了这个限度也就是生态学上所称的阈值，调节就不起作用，生态平衡就会遭到破坏。

2.生态平衡是相对的、暂时的

一旦外界因素的干扰超过这种自我调节能力时，调节即不起作用，生态平衡就会遭到破坏。例如，砍伐森林一定要和抚育更新相结合，才能维持森林生态环境的平衡；反之，就会破坏生态平衡，不仅森林质量下降，林中的动物难以生存，土壤中的微生物种类也会改变，还会影响森林生态系统的功能，造成地表裸露、水土流失、洪水成灾等。在自然界有些生态系统虽然已处于生态平衡状态，但它的净生产量很低，不能满足人类需要，这对人类来说是不利的。因此，为了人类生存和发展，就要改造这种不符合人类要求的生态系统，建立半人工生态系统或人工生态系统。例如，与某些低产自然原始林生态系统相比，人工林生态系统是很不稳定的，它们的平衡需要人类来维持，却能比某种低质低产的原始林提供更多的林产品。生态平衡不只是某一个系统的稳定与平衡，而是意味着多种生态系统的配合、协调和平衡，甚至是指全球各种生态系统的稳定、协调和平衡。

（二）生态平衡的破坏

当今社会，随着生产力和科学技术的飞速发展，人口急剧增加，人类的需求不断增长，人类活动引起自然界更加深刻的变化，造成巨大冲击，使自然生态平衡遭到严重破坏。自然生态失调已成为全球性问题，直接威胁到人类的生存和发展。生态平衡遭破坏的因素有自然因素和人为因素两种。

1.自然因素

自然因素主要指自然界发生的异常变化，如火山爆发、山崩海啸、水旱灾害、台风、流行病等，常常在短期内使生态系统遭到破坏或毁灭。例如，秘鲁海面每隔六七年就会发生一次海洋变异现象，导致一种来自寒流系的鲥鱼大量死亡。大量鱼群死亡，吃鱼的海鸟就失去了食物，造成海鸟的大批死亡。海鸟大批死亡，鸟粪锐减。当地农民又以鸟粪为主要农田肥料，由于肥料减少，农业生产受到极大损失。

2.人为因素

人为因素主要是指人类有意识地改造自然的行动和无意识造成对生态系统的破坏。

（1）物种改变造成生态平衡的破坏。人类在改造自然的过程中，有意或无意地造成生态系统中某一物种消失或盲目向某一地区引进某一生物，结果导致整个生态系统的破坏。例如，澳大利亚的兔子危机；蝗虫的大量繁殖会使农田生态系统受到破坏；植被的破坏。总之，人类大量取用生物圈中的各种资源，包括生物的和非生物的，都将严重破坏生态平衡。

（2）环境因子改变导致生态平衡的破坏。随着工农业生产的迅速发展，有意或无意地排放大量污染物进入环境，从而改变了生态系统的环境因素，影响整个生态系统，甚至破坏生态平衡。

（3）信息系统改变引起生态平衡破坏。生态系统信息通道堵塞，信息传递受阻，就会引起生态系统改变，破坏生态平衡。例如，某些昆虫的雌性个体能分泌性激素以引诱雄虫交配。如果人类排放到环境中的污染物与这些性激素发生化学反应，使性激素失去引诱雄虫的作用，昆虫的繁殖就会受到影响，种群数量就会减少，甚至消失。

生态平衡失调的初期不易被人们察觉，如果一旦发展到出现生态危机或生态失调，就很难在短期内恢复平衡。因此人类活动除了要讲究经济效益和社会效益外，还必须要注意生态效益和生态后果，以便在改造自然的同时能基本保持生物圈的稳定和平衡，保持生态系统这一人类生存和发展基础的稳定。

（三）改善生态平衡的主要对策

由于生态系统和生态平衡的破坏主要发生在生产活动中，所以改善生态平衡也只能在生产实践中通过正确利用生物资源的再生与互相制约特点，妥善处理局部与全局的关系来实现，主要有以下几方面的对策：

第一，森林方面的对策。保护好现存各种森林资源，营造好用材林、经济林、薪炭林、防风林、固沙林、水土保持林，合理采伐各种树木。通过上述工作，保护好森林这个绿色水库和最重要的动植物资源库。

第二，草原方面的对策。停止开垦草原；认真区划草原功能，通过建立饲料基地、建设人工草场、在宜牧草场合理放牧等措施防治草场退化；提倡生物防治鼠、虫病害，减少甚至避免草原污染。

第三，水域方面的对策。逐步退耕还林、退居还水，慎重而科学地建设水库等水利设施，加强疏浚清淤，合理开发水产与水域养殖，严格控制污染物排放。

第四，农田方面的对策。科学管理农田水肥，防止自然性病害；推行用地养地的耕作制度，改善物质循环，避免掠夺地力；提倡生物防治鼠、虫病害，保证食品安全。

第三节　环境保护的重要性分析

一、环境保护

环境保护是一项范围广、综合性强，涉及自然科学和社会科学的许多领域，又有自己独特对象的工作。概括起来说，环境保护就是利用环境科学的理论与方法，协调人类和环境的关系，解决各种问题，是保护、改善和创建环境的一切人类活动的总称。"环境保护是社会建设和发展中的重要工作，对我国经济和社会可持续发展具有显著影响。"[1]

环境保护的内容包括保护自然环境与防治污染和其他公害两个方面。这就是说，要运用现代环境科学的理论和方法，在更好地利用自然资源的同时，深入认识和掌握污染

---

① 彭文娟.环境保护对可持续发展的重要性 [J].山西化工，2021，41（06）：270.

和破坏环境的根源和危害，有计划地保护环境，恢复生态，预防环境质量的恶化，控制环境污染，促进人类与环境的协调发展。

随着社会主义现代化事业的发展和人们对环境问题认识的提高，人类对环境保护重要性的认识日益深化。环境保护的目的应该是随着社会生产力的进步，在人类征服自然的能力和活动不断增加的同时，运用先进的科学技术，研究破坏生态系统平衡的原因，更要研究人为因素对环境的影响和破坏，寻找避免和减轻破坏环境的途径和方法，化害为利，为人类造福。

二、环境保护的重要性

第一，制止环境继续恶化，进一步提高环境质量是促进经济发展的重要条件。我国的环境污染，已到了相当严重的地步，污染物的排放量在世界上也是最多的国家之一，自然环境受到严重破坏，影响了人们的生产和生活，已经成为突出的社会问题，并且浪费了宝贵的资源和能源。就水污染来说，污染使水质变坏，更加重了水资源的短缺问题。我国是一个发展中国家，资金、能源等都不足，环境的污染更加剧了困难。因此，采取得力措施，保护和改善环境质量，为经济发展扫清道路，就必然成为一项重要的战略任务。

第二，环境保护是两个文明建设的重要组成部分。发展生产力，并在这个基础上逐步提高人民的生活水平，这就是建设物质文明的要求。与生产力发展关系十分密切的工业、农业、城建、交通、能源等方面几乎都有各自的污染问题。如果能通过完善生产流程以及加强生产、技术、设备、资源、劳动等管理来提高资源利用率，减少污染物的排放，既可以取得较好的环境效益，又可以取得较好的经济效益和社会效益，创造更多的物质财富。

社会主义精神文明建设包括思想道德建设和教育科学建设两个方面。因而，加强社会主义环境道德建设，加强环境教育，提高人们的环境意识，是解决环境问题的一条根本途径。这是环保的基础保证，已被各国政府所认同。

第三，保护环境是关系到人类命运前途的大事。保护资源，创建一个清洁优美的生活环境和自然环境是人类生活和健康的需要，是涉及子孙后代命运前途的大事。环境是全人类共同的财富，当代人的生存发展需要它，后代人的生存发展也需要它。深刻认识环境保护作为我国一项基本国策的重要意义，要在发展生产过程中搞好环境保护，做到经济效益与环境效益的统一，为当代人创造一个美好的环境，为后代人留下一个美好的环境。

第二章　环境污染与保护治理

第一节　大气污染及其治理技术

"随着现代社会不断发展进步，各类污染问题也随之而来，其中大气污染就是目前人们需要着重关注的问题。大气污染不仅会影响人们的健康，还会影响整个社会的正常生活和生产劳动。"[①]

一、典型大气污染

（一）煤烟型污染

由煤炭燃烧排放出的烟尘、二氧化硫等一次污染物，以及再由这些污染物发生化学反应而生成二次污染物所构成的污染叫作煤烟型污染。此污染类型多发生在以燃煤为主要能源的国家与地区，历史上早期的大气污染多属于此种类型。

我国的大气污染以煤烟型污染为主，主要的污染物是烟尘和二氧化硫。此外，还有碳氧化物和一氧化碳等。这些污染物主要通过呼吸道进入人体内，不经过肝脏的解毒作用，直接由血液运输到全身。

（二）石油型污染

石油型污染的污染物来自石油化工产品，如汽车排气排放物、油田及石油化工厂的排放物。这些污染物在阳光照射下发生光化学反应，并形成光化学烟雾。石油型污染的一次污染物是烯烃、二氧化氮以及烷、醇、羰基化合物等，二次污染物主要是臭氧、氢氧基、过氧氢基等自由基，以及醛、酮和过氧乙酰硝酸酯。

此类污染多发生在油田及石油化工企业和汽车较多的大城市。近代的大气污染，尤其在发达国家和地区一般属于此种类型。我国部分城市随着汽车数量的增多，也开始出

---

① 李劲松. 城市大气污染成因及其防治措施分析［J］. 科技创新导报，2019，16（29）：108.

现石油型污染的趋势。

（三）复合型污染

复合型污染是指以煤炭为主，还包括以石油为燃料的污染源排放出的污染物体系。此种污染类型是由煤炭型向石油型过渡的阶段，它取决于一个国家的能源发展结构和经济发展速度。

（四）特殊型污染

特殊型污染是指某些工矿企业排放的特殊气体所造成的污染，如氯气、金属蒸气或硫化氢等气体。

前三种污染类型造成的污染范围较大，而第四种污染所涉及的范围较小，主要发生在污染源附近的局部地区。

目前，我国大气污染状况十分严重，主要呈现为煤烟型污染特征。城市大气环境中总悬浮颗粒物浓度普遍超标；二氧化硫污染保持在较高水平；机动车排气排放物污染物排放总量迅速增加；氮氧化物污染呈加重趋势；全国形成华中、西南、华东、华南多个酸雨区，以华中酸雨区为重。

二、大气污染的防治

（一）烟尘治理技术

1.除尘装置的性能指标

评价净化装置性能的指标，包括技术指标和经济指标两大类。技术指标主要有处理气体流量、净化效率和压力损失等；经济指标主要有设备费、运行费和占地面积等。此外，还应考虑装置的安装、操作、检修的难易程度等因素。

（1）除尘器的经济性。经济性是评价除尘器性能的重要指标，它包括除尘器的设备费和运行维护费两部分。设备费主要是材料的消耗，此外还包括设备加工和安装的费用以及各种辅助设备的费用。设备费在整个除尘系统的初级投资中占的比例很大，在各种除尘器中，以电除尘器的设备费最高，袋式除尘器次之，文丘里除尘器、旋风除尘器最低。除尘系统的运行管理费主要指能源消耗，对于除尘设备主要有两种不同性质的能源消耗：①使含尘气流通过除尘设备所做的功；②除尘或清灰的附加能量。其中文丘里除尘器能耗最高，而电除尘器最低，因而运行维护费也低。在综合考虑除尘器的费用比较时，要注意到设备投资是一次性的，而运行费用是每年的经常费用。因此，若一次投资高而运行费用低，这在运行若干年后就可以得到补偿。运行时间越长，越显出其优越性。

（2）评价除尘器性能的技术指标。除尘装置的技术指标主要有处理能力、除尘效率和压力损失。

第一，处理能力。指除尘装置在单位时间内所能处理的含尘气体的流量，一般用体积流量表示。实际运行的除尘装置由于漏气等原因，进出口气体流量往往并不相等，因此，用进口流量和出口流量的平均值表示处理能力。

第二，除尘效率。即被捕集的粉尘量与进入装置的粉尘量之比。除尘效率是衡量除尘器清除气流中粉尘的能力的指标，根据总捕集效率，除尘器可分为低效除尘器（50%—80%）、中效除尘器（80%—95%）、高效除尘器（95%以上）。习惯上一般把重力沉降室、惯性除尘器列为低效除尘器，中效除尘器通常指颗粒层除尘器、低能湿式除尘器等；电除尘器、袋式除尘器及文丘里除尘器则属于高效除尘器范畴。

第三，除尘器阻力。它表示气流通过除尘器时的压力损失。阻力大，用于风机的电能也大，因而阻力也是除尘设备的耗能和运转费用的一个指标。根据除尘器的阻力，可分为低阻除尘器（500Pa），如重力沉降室、电除尘器等；中阻除尘器（500—2000Pa），如旋风除尘器、袋式除尘器、低能湿式除尘器等；高阻除尘器（2000—20000Pa），如高能文丘里除尘器。

2.除尘装置分类

根据除尘原理的不同，除尘装置一般可分为以下几大类：

（1）机械式除尘器。机械式除尘器包括重力沉降室、旋风除尘器、惯性除尘器和机械能除尘器。这类除尘器的特点是结构简单、造价低、维护方便，但除尘效率不高，往往用作多级除尘系统的预除尘。

（2）洗涤式除尘器。洗涤式除尘器包括喷淋洗涤器、文丘里洗涤器、水膜除尘器、自激式除尘器。这类除尘器的特点是主要用水作为除尘的介质。一般来说，湿式除尘器的除尘效率高，但所消耗的能量也高。湿式除尘器的缺点是会产生污水，需要进行处理，以消除二次污染。

（3）过滤式除尘器。过滤式除尘器包括袋式除尘器和颗粒层除尘器，其特点是以过滤机理作为除尘的主要机理。根据选用的滤料和设计参数的不同，袋式除尘器的效率可达到99.9%以上。

（4）电除尘器。电除尘器用电力作为捕集机理，有干式电除尘器（干法清灰）和湿式电除尘器（湿法清灰）之分。这类除尘器的特点是除尘效率高（特别是湿式电除尘器）、消耗动力小，主要缺点是钢材消耗多、投资高。

在实际使用的除尘器中，往往综合了各种除尘机理的共同作用。例如，卧式旋风除尘器，有离心力的作用，同时还兼有冲击和洗涤的作用，特别是近年来为提高除尘器的效率，研制了多种多机理的除尘器，如用静电强化的除尘器等。因此，以上分类是有条件的，是指其中起主要作用的除尘机理。

3.除尘器的选择

选择除尘器时，必须在技术上能满足工业生产和环境保护对气体含尘的要求，在经济上是可行的，同时还要结合气体和颗粒物的特征及运行条件，进行全面考虑。例如，黏性大的粉尘容易黏结在除尘器表面，不宜采用干法除尘；纤维和憎水性粉尘不宜采用袋式除尘器；如果烟气中同时含有SO_2、NO等气体污染物，可考虑采用湿法除尘，但是必须注意腐蚀问题；含尘气体浓度高时，在电除尘器和袋式除尘器前应设置低阻力的预净化装置，以去除粗大尘粒，从而提高袋式除尘器的过滤速度，避免电除尘器产生电晕闭塞。一般来说，为减少喉管磨损和喷嘴堵塞，对文丘里、喷淋塔等湿式除尘器，入口含尘浓度在$10g/m^3$为宜，袋式除尘器入口含尘浓度在$0.2\sim20g/m^3$为宜，电除尘器在$30g/m^3$为宜。此外，不同除尘器对不同粒径粉尘的除尘效率也是完全不同的，在选择除尘器时，还必须了解欲捕集粉尘的粒径分布情况，再根据除尘器的分级除尘效率和除尘要求选择适当的除尘器。

（二）气态污染物的治理技术

用于气态污染物处理的技术有吸收法、吸附法、冷凝法、催化转化法、直接燃烧法、膜分离法以及生物法等。其中，吸收法和吸附法是应用最多的两种气态污染物的去除方法。

吸收法是利用气体在液体中溶解度不同的这一现象，以分离和净化气体混合物的一种技术。例如，从工业废气中去除二氧化硫、氮氧化物、硫化氢以及氟化氢等有害气体。

吸附法是一种固体表面现象。它是利用多孔性固体吸附剂处理气态污染物，使其中的一种或几种组分在分子引力或化学键力的作用下，吸附在固体表面，从而达到分离的目的。常用的固体吸附剂有骨炭、硅胶、矾土、沸石、焦炭和活性炭等，其中应用最广泛的是活性炭。

第二节　水体污染及其防治处理

一、水体污染

水是自然界的基本要素，是生命得以生存、繁衍的基本物质条件之一，也是工农业生产和城市发展不可或缺的重要资源。人们以往把水看作是取之不尽、用之不竭的最廉价的自然资源，但随着人口的膨胀和经济的发展，水资源短缺的现象正在很多地区相继出现，水污染及其带来的危害更加剧了水资源的紧张，并对人类的身体健康造成了威胁。防治水污染、保护水资源已成了当今我们的迫切任务。

水污染是指水体因某种物质的介入而导致其化学、物理、生物或者放射性等方面特性的改变，从而影响水的有效利用，危害人体健康或者破坏生态环境，造成水质恶化的现象。水污染加剧了全球的水资源短缺，危及人体健康，严重制约了人类社会、经济与环境的可持续发展。

（一）水体污染源

1.生活污水

生活污水是人们日常生活中产生的污水，主要来自家庭、商业、机关、学校、医院、城镇公共设施及工厂，包括厕所冲洗排水、厨房洗涤排水、洗衣排水、沐浴排水等。生活污水的主要成分为纤维素、淀粉、糖类、脂肪、蛋白质等有机物，无机盐类及泥沙等杂质，一般不含有毒物质，但常含植物营养物质，且含有大量细菌（包括病原菌）、病毒和寄生虫卵。影响生活污水成分的因素主要有生活水平、生活习惯、卫生设备、气候条件等。

2.工业废水

工业废水是在工业生产过程中排出的废水。由于工业性质、原料、生产工艺及管理水平的差异，工业废水的成分和性质变化复杂。一般来说，工业废水污染比较严重，往往含有大量有毒有害物质。以焦化厂为例，其废水中含有酚类、苯类、氰化物、硫化物、焦油、吡啶、氨等有害物质。

3.农业废水

农业废水主要是指农田灌溉水。不合理地施用化肥、农药或不合理地使用污水灌溉，会造成土壤受农药、化肥、重金属和病原体等的污染，同时通过灌溉水及其径流和渗流，又将农田、牧场、养殖场以及副产品加工厂等附近土壤中这些残留的污染物带入水体，从而造成水质的恶化。

生活污水和工业废水通过下水道、排水管或沟渠等特定部位排放污染物，称为点源。一般来说，点源较易监测与管理，可将这些污水改变流向并在进入环境前进行处理。而农业废水分散排放污染物，没有特定的入水排污位置，称为非点源或面源，其监测、调控和处理远比点源困难。

（二）水体中主要污染物

水体污染物种类繁多，因而可以用不同方法、标准或根据不同的角度分为不同的类型。现根据水污染物质及其形成污染的性质，可以将水污染分成化学性污染、物理性污染和生物性污染三大类。

1.化学性污染

（1）酸碱盐污染。酸碱盐污染物包括酸、碱和一些无机盐等无机化学物质。酸碱盐污染使水体pH变化、提高水的硬度和增加水的渗透压、改变生物生长环境、抑制微生物的生长、影响水体的自净作用和破坏生态平衡。此外，腐蚀船舶和水中构筑物，影响渔业，使得水体不适合生活及工农业使用。酸污染来源于矿山、钢铁厂及染料工业废水；碱污染主要来源于造纸、炼油、制碱等行业；盐污染主要来源于制药、化工和石油化工等行业。

（2）重金属污染。重金属污染指由重金属及其化合物造成的环境污染，其中汞、镉、铅、铬（六价）及类金属砷（三价）危害性较大。排放重金属污染废水的行业有电镀工业、冶金工业、化学工业等。有毒重金属在自然界中可通过食物链而积累、富集，以致会直接作用人体而引起严重的疾病或慢性病。

（3）有机有毒物质污染。污染水体的有机有毒物质主要是各种酚类化合物、有机农药、多环芳烃、多氯联苯等。其中有的化学性质稳定，很难被生物降解，具有生物累积性、可长距离迁移等特性，被称为持久性有机污染物。其中一部分化合物在十分低的剂量下即可具有致癌、致畸、致突变作用，对人类及动物的健康构成极大的威胁，如DDT、苯并芘等。有机毒物主要来自焦化、燃料、农药、塑料合成等工业的废水，农业排水含有机农药。

（4）需氧污染物质。废水中含有的糖类、蛋白质、油脂、氨基酸、脂肪酸、酯类等有机物，在微生物作用下氧化分解为简单的无机物，并消耗大量水中溶解氧，称为需氧污染物质。此类有机物质过多，造成水中溶解氧缺乏，影响水中其他生物的生长。水中溶解氧耗尽后，有机物质进行厌氧分解而产生大量硫化氢、氨、硫醇等物质，使水质变黑发臭，造成环境质量恶化，同时也造成水中的鱼类和其他水生生物的死亡。生活污水和许多工业废水，如食品工业、石油化工工业、制革工业、焦化工业等废水中都含有这类有机物。

（5）植物营养物质。生活污水、农田排水及某些工业废水中含有一定量的氮、磷等植物营养物质，排入水体后，使水体中氮、磷含量升高，在湖泊、水库、海湾等水流缓慢水域富积，使藻类等浮游生物大量繁殖，此为水体的富营养化。藻类死亡分解后，加剧水中营养物质含量，使藻类加剧繁殖，使水体呈现藻类颜色（红色或绿色），阻断水面气体交换，造成水中溶解氧下降，水中环境恶化，鱼类死亡，严重时可使水草丛生，湖泊退化。

（6）油类污染物质。油类污染物质是指排入水体的油造成水质恶化、生态破坏，危及人体健康。随着石油事业的发展，油类物质对水体的污染日益增多，炼油、石油化工工业、海底石油开采、油轮压舱水的排放都可使水体遭受严重的油类污染。海洋采油和油轮事故造成的污染更重。

2.物理性污染

（1）悬浮物污染。悬浮物是指悬浮于水中的不溶于水的固体或胶体物质，造成水体浑浊度升高，妨碍水生植物的光合作用，不利于水生生物的生长。主要是由生活污水、垃圾、采矿、建筑、冶金、化肥、造纸等工业废水引起的。悬浮物质影响水体外观，妨碍水中植物的生长。悬浮物颗粒容易吸附营养物、有机毒物、重金属等有毒物质，使污染物富集，危害加大。

（2）热污染。由热电厂、工矿企业排放高温废水引起水体的局部温度升高，称为热污染。水温升高，溶解氧含量降低，微生物活动增强，某些有毒物质的毒性作用增加，改变了水生生物的生存条件，破坏了生态平衡条件，不利于鱼类及水生生物的生长。

（3）放射性污染。放射性污染来自原子能工业和使用放射性物质的民用部门。放射性物质可通过废水进入食物链，对人体产生辐射，长期作用可导致肿瘤、白血病和遗传障碍等。

3.生物性污染

带有病原微生物的废水（如医院废水）进入水体后，随水流传播对人类健康造成极大的威胁。主要是消化道传染疾病，如伤寒、霍乱、痢疾、肠炎、病毒性肝炎、脊髓灰质炎等。

在实际的水环境中，各类污染物是同时并存的，各类污染物也是相互作用的。往往有机物含量较高的废水中同时存在病原微生物，对水体产生共同污染。

二、水污染防治

（一）水污染防治的目标与任务

水污染是当前面临的重要环境问题，它严重威胁着人类的生命健康，阻碍经济建设发展，制约着可持续发展战略的实施。因此必须重视并积极进行水污染防治，保护人类赖以生存的环境。

1.水污染防治的主要目标

（1）保护各类饮用水源地的水质，使供给居民的饮用水安全可靠。

（2）恢复各类水体的使用功能，如自然保护区、珍稀濒危水生动植物保护区、水产养殖区、公共浴泳区、海上娱乐体育活动区、工业用水取水区及盐场等，为经济建设提供水资源。

（3）改善地面水体的水质。

2.水污染防治的主要任务

（1）进行区域、流域或城镇的水污染防治规划，在调查分析现有水环境质量及水资源利用需求的基础上，明确水污染防治的具体任务，制订应采取的防治措施。

（2）加强对污染源的控制，包括工业污染源、城市居民区污染源、畜禽养殖业污染源以及农田径流等，采取有效措施减少污染源排放的污染物量。

（3）对各类废水进行妥善的收集和处理，建立完善的排水系统及污（废）水处理系统，使污（废）水排入水体前达到排放标准。

（4）加强对水资源的保护，通过法律、行政、技术等一系列措施，使水环境免受污染。

（二）水污染防治的原则

进行水污染防治，根本的原则是将防、治、管三者结合起来。

第一，"防"是指对污染源的控制，通过有效控制使污染源排放的污染物减少到最小量。对工业污染源，最有效的控制方法是推行清洁生产。对生活污染源，也可以通过有效措施减少其排放量，如推广使用节水工具，提高民众节水意识，降低用水量，从而减少生活污水排放量。对农业污染源，提倡农田的科学施肥和农药的合理使用，可以大大减少农田中残留的化肥和农药，进而减少农田径流中所含氮、磷和农药的量。

第二，"治"是水污染防治中不可缺少的一环。通过各种预防措施，污染源可以得到一定程度的控制，但要确保在排入水体前达到国家或地方规定的排放标准，还必须对污（废）水进行妥善的处理，采取各种水污染控制方法和环境工程措施，治理水污染，如工业废水处理站、城市污水处理厂等。同时，城市废水收集系统和处理系统的设计，不仅应考虑水污染防治的需要，同时应考虑到缓解水资源矛盾的需要。

第三，"管"是指对污染源、水体及处理设施等的管理。"管"在水污染防治中也占据十分重要的地位。科学的管理包括对污染源的经常监测和管理，对污水处理厂的监测和管理，以及对水环境质量的监测和管理。

第三节　环境物理污染与控制

一、噪声污染

声音是由物体振动产生的，是充满自然界和人类社会的一种物理现象。自然界的风声、雨声、鸟语、蝉鸣，不仅谱写了动听的自然乐章，也为我们传播认识和研究自然现象、自然规律的信息；人类社会中，人们通过声音传播信息、表达思想感情。声音是与我们密不可分的自然、社会环境。

人类生活在一个声音的环境中，随着人类生产、生活的发展，人们生存的环境中除了有一些为我们提供信息、传播感情的声音外，还出现了一些影响人们正常生活的、令人不愉快的声音，有些声音甚至会给人类带来危害。例如，震耳欲聋的机器声、呼啸飞过的飞机、高速行驶的列车等。这些杂乱无章的、妨碍人休息、影响人思考、令人不愉快的声音就是噪声。噪声也可以认为是人们不需要的声音。

（一）噪声污染特征

第一，主观性。环境噪声是一种感觉污染，是危害人类环境的公害。评价一种声音是不是噪声，取决于声音的大小及受害人的生理与心理因素。因此，噪声的标准也要根据不同时间、不同地区和人处于不同的行为状态来决定。所以噪声具有主观性。

第二，局限性和分散性。噪声在影响范围上具有局限性，而在声源分布上具有分散性。

第三，暂时性。当声源停止发声，噪声即时消失。

（二）噪声的声源及分类

声音是由物体振动而产生的，把振动的固体、液体和气体通称为声源。所以声源就是向外辐射声音的振动物体。

噪声可分为自然噪声和人为噪声。人为环境噪声，按照污染来源种类不同可分为以下种类：

1.工业噪声

工业噪声主要包括工厂、车间的各种机械运转产生的噪声。工业噪声是造成职业性耳聋的主要原因，也给周围居民带来一定的危害。工业噪声源是固定不变的，一般局限在一定范围内，污染范围比交通噪声小得多，防治相对容易。

2.交通噪声

交通运输引起的噪声，对城市生活环境干扰最大，城市环境噪声的70%来自交通噪声，主要来自喇叭声、发动机声、进气声和排气声、启动和制动声、轮胎与地面的摩擦声等。交通噪声是活动的噪声源，对环境的影响范围极大。

3.建筑施工噪声

建筑施工噪声包括打桩机、混凝土搅拌机、挖掘机、推土机等产生的噪声。由于建筑工地现场有许多在居民区，对周围居民影响很大，尤其是夜间施工，严重影响居民休息，随着城市建设的发展，建筑工地产生的噪声影响越来越广泛。但建筑施工噪声是暂时性的，随着建筑施工结束停止，其噪声也会终止。

4.社会生活噪声

社会生活噪声是由于社会活动、使用家庭机械和电器而产生的噪声，如娱乐场所、商业中心、运动场所、高音喇叭、家用电器设备等。一般情况下，社会生活产生的噪声在80dB（A）以下，干扰人们学习、工作和休息，对身体没有直接危害。但超过100dB，尤其是爆破及有些打击乐声响达120dB以上，处于这种环境下人体健康会受到伤害。

（三）噪声的危害

随着工业生产、交通运输、城市建筑的发展，以及人口密度的增加，家庭设施（如音响、空调、电视机等）的增多，环境噪声日益严重，它成为污染人类社会环境的一大公害。噪声具有局部性、暂时性和多发性的特点。噪声不仅会影响听力，而且还对人的心血管系统、神经系统、内分泌系统产生不利影响。噪声给人带来生理上和心理上的危害主要有以下方面：

1.听力损伤

强噪声使人听力受损，这种受损是积累性的。如果每天在强噪声环境中生活（115dB以上），会逐渐形成永久性听力损伤。强的噪声可以引起耳部的不适，如耳鸣、耳痛、听力损伤。据测定，超过115dB的噪声还会造成耳聋。据临床医学统计，若在80dB以上噪音环境中生活，造成耳聋者可达50%。当人耳突然听到极强的噪声时，声波有可能会击破耳鼓膜，突然失去听力。

2.干扰睡眠

噪声使人不得安宁，难以休息和入睡。噪声也会影响人的睡眠质量和时间，连续噪声可以加快熟睡到轻睡回转，使人熟睡时间缩短，突然的噪声还会使人惊醒。

3.引起疾病

噪声是一种恶性刺激物，长期作用于人的中枢神经系统，可使大脑皮层的兴奋和抑制失调，条件反射异常，出现头晕、头痛、耳鸣、失眠、心慌等症状。噪声对人的心理影响主要是使人烦恼、激动、易怒，甚至失去理智。

（1）损害心血管。噪声是心血管疾病的危险因子，噪声会加速心脏衰老，增加心肌梗死发病率。长期接触噪声可使体内肾上腺分泌增加，从而使血压上升，在平均70dB的噪声中长期生活的人，可使其心肌梗死发病率增加30％左右，特别是夜间噪声会使发病率更高。

（2）消化系统疾病。由于噪声作用于中枢神经，可使肠胃机能阻滞，使血管收缩而变得狭窄。

（3）引起神经性疾病。噪声还可以引起如神经系统功能紊乱、精神障碍、内分泌紊乱甚至事故率升高。高噪声的工作环境，可使人出现头晕、头痛、失眠、多梦、全身乏力、记忆力减退以及恐惧、易怒、自卑甚至精神错乱。

4.影响儿童健康

强的噪声会引起耳部的不适，如耳鸣、耳痛、听力损伤。家庭噪声是造成儿童聋哑的病因之一。噪声对儿童身心健康危害更大。因儿童发育尚未成熟，各组织器官十分娇嫩和脆弱，不论是体内的胎儿还是刚出生的婴儿，噪声均可损伤听觉器官，使听力减退或丧失。

（四）噪声的控制

噪声在传播过程中有三个要素：声源、传播介质、接受者。控制噪声的措施可以针对上述三个部分或其中任何一个部分。

1.声源的控制

防治噪声首先要控制噪声声源，这是减弱或消除噪声的基本方法和最有效手段，控制声源的方法如下：

（1）改进机械设计。主要包括：①选用发声较小的材料，如用减振合金等；②选用发声较小的结构形式，如将风机叶片由直形改成弯形；③选用发声较小的传动形式，如用皮带代替齿轮传动。

（2）改进生产工艺。主要包括：①用液压代替冲压；②焊接代替铆接；③斜齿轮代替直齿轮。

（3）提高加工精度和装配质量。如果将轴承滚珠加工精度提高一级，则轴承噪声可降低10dB（A）。

（4）加强行政管理。如在居民区附近使用的建筑施工机械设备，夜间必须停止操作；市区内汽车限速行驶、禁鸣喇叭等。

2.传播介质

（1）吸声。由于室内声源发射出的声波被墙面、地面及其他物体表面多次反射，使得室内声源的噪声比其他地方更高。如果用吸声材料装饰室内表面，或在室内悬挂吸声物体，屋内反射的声波就会被吸收，室内噪声也就得到了有效降低，这种控制噪声的方法叫作吸声。

常用的吸声材料多是一些多孔透气的材料，如塑料泡沫、毛毡、玻璃棉、矿渣棉等。当声波进入这些多孔材料中时，引起材料的细孔或狭缝中的空气振动，一部分声能由于细孔的摩擦和黏滞阻力转化为热能而消耗掉。

多孔材料的吸声系数随声频率的增高而增大，所以多孔材料对高频噪声吸声效果较好，对低频噪声不是很有效。

（2）隔声。隔声是指声波在空气中传播时，一般用各种易吸收能量的物质消耗声波的能量，使声能在传播途径中受到阻挡而不能直接通过的措施。在噪声源和接收者之间设置屏障，利用隔声材料和隔声结构可以阻挡声能的传播，把声源产生的噪声限制在局部范围内，或在噪声的环境中隔离出相对安静的场所。

（3）改变方向。利用声源的指向性（方向不同，声级不同），将噪声源指向无人的地方。如高压锅炉的排气口朝向天空，比朝向居民区可降低噪声10dB（A）。

（4）闹静分开，增大距离。利用噪声自然衰减作用，将声源布置在离学习、休息场所较远的地方。

3.接受者

在声源和传播途径上无法采取措施，或采取的声学措施仍不能达到预期效果时，就需要对受音者或受音器官采取防护措施，如长期职业性噪声暴露的工人可以戴耳塞、耳罩或头盔等护耳器。

二、放射性污染

（一）放射性物质

核原料、核电力在国防、能源产业中具有重要的地位和作用。核武器比常规武器有更大的杀伤力和破坏力，能在战争中起到一般武器所不能起到的作用。但核工业也会导致放射性物质沉降，排放到环境中，造成放射性污染，对生态环境有长期的、严重的后果。

放射性物质指的是具有自发地放出射线特征的物质。放射性物质种类包括质量很高的金属，像钚、铀等。放射性物质放出的射线分别是 α 射线、β 射线、γ 射线、中子射线等。放射性物质具有一定的电离能力和贯穿本领以及特殊的生物效应等性质。

（二）放射性污染来源及危害

1.放射性污染来源

放射性污染来源主要包括以下方面：

（1）核武器试验的沉降物。在大气层进行核试验的情况下，核弹爆炸的瞬间，由炽热蒸汽和气体形成大球（即蘑菇云）携带着弹壳、碎片、地面物和放射性烟云上升，随着与空气的混合，辐射热逐渐损失，温度渐趋降低，于是气态物凝聚成微粒或附着在其他的尘粒上，最后沉降到地面。

（2）核燃料循环的"三废"排放。原子能工业的中心问题是核燃料的产生、使用与回收、循环的各个阶段均会产生"三废"，对周围环境带来一定程度的污染。

（3）医疗照射引起的放射性污染。目前，由于辐射在医学上的广泛应用，医用射线源成为主要的环境人工污染源。

（4）其他各方面来源的放射性污染。其他辐射污染来源可归纳为两类：①工业、医疗、军队、核舰艇，或研究用的放射源，因运输事故、遗失、偷窃、误用，以及废物处理等失去控制而对居民造成大剂量照射或污染环境；②一般居民消费用品，包括含有天然或人工放射性核素的产品，如放射性发光表盘、夜光表以及彩色电视机产生的照射。

2.放射性污染特点及其危害

放射性污染是指由放射性物质造成的环境污染。放射性污染的特点包括：①放射性核素毒性远远高于一般的化学物质；②按辐射损伤产生的效应，可能影响遗传；③放射性剂量的大小，只有辐射探测仪器可探测；④放射性核素具有蜕变能力；⑤放射性活度只能通过自然衰变而减弱。

放射性物质可通过呼吸道、消化道或皮肤黏膜侵入人体。在大剂量的照射下，放射性对人体和动物存在着某种损害作用。小剂量的照射同样会损伤遗传物质，主要在于引起基因突变和染色体畸变，往往需经多年以后，一些症状才会表现出来，造成一代甚至几代受害。

（三）放射性污染防治

1.放射性污染源控制

放射性废物中的放射性物质，采用一般的物理、化学及生物学的方法都不能将其消灭或破坏，只有通过放射性核素的自身衰变才能使放射性衰减到一定的水平。而许多放射性元素的半衰期十分长，并且衰变的产物又是新的放射性元素，所以放射性废物与其他废物相比，在处理和处置上有许多不同之处。

（1）放射性废水的处理。放射性废水的处理方法主要有稀释排放法、放置衰变法、混凝沉降法、离子变换法、蒸发法、沥青固化法、水泥固化法、塑料固化法以及玻璃固化法等。

（2）放射性废气的处理。铀矿开采过程中所产生的废气、粉尘，一般可通过改善操作条件和通风系统得到解决；实验室废气，通常是进行预过滤，然后通过高效过滤后再排出；燃料后处理过程的废气，大部分是放射性碘和一些惰性气体。

（3）放射性固体废物的处理。放射性固体废物主要是被放射性物质污染而不能再用的各种物体，可采用焚烧、压缩深埋的方法处理。

2.加强防范意识

核电站（包括其他核企业）一般应选址在周围人口密度较低，气象和水文条件有利于废水和废气扩散稀释，以及地震强度较低的地区，以保证在正常运行和出现事故时，居民所受的辐射剂量最低。

三、电磁污染

（一）电磁辐射及辐射污染

1.电磁辐射

电磁辐射是指以电磁波形式向空间环境传递能量的过程或现象，称为电磁辐射。磁是以一种看不见、摸不着的特殊形态存在的物质。人类生存的地球本身就是一个大磁场，它表面的热辐射和雷电都可产生电磁辐射，太阳及其他星球也在外层空间产生电磁辐射。围绕在人类身边的天然磁场、太阳光、家用电器等都会发出强度不同的辐射。生活中还有很多人造电磁辐射，随着科学技术的不断发展，各种电子信息设备的使用越来越多，如通信卫星、雷达、电子计算机等；家庭小环境的电子产品也有发展趋势，如家用电脑、微波炉、电磁灶、手机等越来越多地进入家庭。这些电子设备在造福人类社会、方便我们生活的同时，也不可避免地带来了电磁辐射污染。

2.电磁辐射污染

电磁辐射强度超过人体所能承受的或仪器设备所允许的限度时就构成了电磁辐射污染。电磁辐射是一种复合的电磁波，以相互垂直的电场和磁场随时间的变化而传递能量。人体生命活动包含一系列的生物电活动，这些生物电对环境的电磁波非常敏感。因此，电磁辐射可以对人体造成影响和损害。电磁辐射是心血管疾病、糖尿病、癌突变的主要诱因，对人体免疫系统、神经系统和生殖系统造成直接伤害。过量的电磁辐射直接影响儿童组织发育，能够诱发癌症并加速人体的癌细胞增殖，是造成儿童患白血病的原因之一，还会造成骨骼畸形、智力发育不全、视力下降、肝脏造血功能下降、视网膜脱落。

（二）电磁辐射污染防治

1.工作环境中防辐射

（1）避免长时间连续操作电脑，注意中间休息。要保持一个最适当的姿势，眼睛与屏幕的距离应在40—50cm，双眼平视或轻度向下注视荧光屏。使用电脑辐射防护产品。

（2）室内要保持良好的工作环境，如舒适的温度、清洁的空气、合适的阴离子浓度和臭氧浓度等。

（3）电脑室内光线要适宜，不可过亮或过暗，避免光线直接照射在荧光屏上而产生干扰光线。工作室要保持通风干爽。

（4）电脑的荧光屏上要使用滤色镜，以减轻视疲劳。最好使用玻璃或高质量的塑料滤光器。

（5）注意补充营养。电脑操作者在荧光屏前工作时间过长，视网膜上的视紫红质会被消耗掉，而视紫红质主要由维生素A合成。因此，电脑操作者应多吃些胡萝卜、白菜、豆芽、豆腐、红枣、橘子以及牛奶、鸡蛋、动物肝脏、瘦肉等食物，以补充人体内维生素A和蛋白质。可多饮些茶，茶叶中的茶多酚等活性物质有利于吸收与抵抗放射性物质。

2.生活中防电磁辐射方法

（1）各种家用电器、办公设备、移动电话等都应尽量避免长时间操作。如电视、电脑等电器需要较长时间使用时，应注意每一小时离开一次，采用眺望远方或闭上眼睛的方式，以减少眼睛的疲劳程度和所受辐射影响。

（2）当电器暂停使用时，最好不让它们处于待机状态，因为此时可产生较微弱的电磁场，长时间也会产生辐射积累。

（3）对各种电器的使用，应保持一定的安全距离。如眼睛离电视荧光屏的距离，一般为荧光屏宽度的5倍左右；微波炉开启后要离开1米远。

（4）居住、工作在高压线、雷达站、电视台、电磁波发射塔附近的人，佩戴心脏起搏器的患者及生活在现代电气自动化环境中的人，特别是抵抗力较弱的孕妇、儿童、老人等，有条件的应配备阻挡电磁辐射的防辐射卡等产品。

四、光污染与防护

（一）光污染

光污染指的是过量或不当的光辐射对人类的生存环境及人体健康造成不良影响的现象。光污染来源广泛，包括生活中常见的书本纸张、墙面涂料的反光甚至是路边彩色广告的射灯等。在日常生活中，人们常见的光污染的状况多为由镜面建筑反光所导致的行人和司机的眩晕感，以及夜晚彩色灯光给人体造成的不适。

（二）光污染防护

防治光污染主要包括以下方面：

第一，加强城市规划和管理，改善工厂照明条件等，以减少光污染的来源。在建筑装修中，应采用反光系数极小的材料，少用或不用玻璃幕墙；对广告牌和霓虹灯应加以控制和科学管理，注意减少大功率强光源。

第二，对有红外线和紫外线污染的场所采取必要的安全防护措施。在建筑物和娱乐场所周围，植树、栽花、种草，以改善光环境。

第三，采用个人防护措施，主要是佩戴防护眼镜和防护面罩。光污染的防护镜有反射型防护镜、吸收型防护镜、反射—吸收型防护镜、爆炸型防护镜、光化学反应型防护镜、光电型防护镜、变色微晶玻璃型防护镜等类型。不开长明灯、不在光污染环境中长期滞留、打太阳伞等。

五、热污染

（一）热污染及其来源

热污染是指人类活动的影响，使环境温度反常的现象。若把人为排放的各种温室气体、臭氧层损耗物质、气溶胶颗粒物等所导致直接或间接地影响全球气候变化的这一特殊危害热环境的现象除外，常见的热污染来源有以下方面：

第一，因城市地区人口集中，建筑群、街道等代替了地面的天然覆盖层，工业生产排放热量，生产过程产生的废热直接排向环境，大量机动车行驶，大量空调排放热量而形成城市气温高于郊区农村的热岛效应。随着人口和耗能量的增长，城市排入大气的热量日益增多。按照热力学定律，人类使用的全部能量终将转化为热，传入大气，流向太空。这样，地面反射太阳热能的反射率增高，吸收太阳辐射热减少，沿地面空气的热减少，上升气流减弱，阻碍云雨形成，造成局部地区干旱，影响农作物生长。

第二，温室气体的排放。近一个世纪以来，地球大气中的二氧化碳不断增加，气候变暖，冰川积雪融化，海水水位上升，一些原本十分炎热的城市变得更热。如按现在的能源消耗的速度计算，每十年全球温度会升高0.1℃—0.26℃；一个世纪后即为1.0℃—2.6℃，而两极温度将上升3.0℃—7.0℃，对全球气候会有重大影响。

第三，因热电厂、核电站、炼钢厂等冷却水所造成的水体温度升高，溶解氧含量减少，某些毒物毒性提高，鱼类不能繁殖或死亡，某些细菌繁殖，破坏水生生态环境而引起水质恶化，即水体热污染。火力发电厂、核电站和钢铁厂的冷却系统排出的热水，以及石油、化工、造纸等工厂排出的生产性废水中均含有大量废热。这些废热排入地面水体之后，能使水温升高。

热污染首当其冲的受害者是水生物，由于水温升高导致水中溶解氧含量减少，水体处于缺氧状态，同时又因水生生物代谢率增高而需要更多的氧，造成一些水生生物在热效力作用下发育受阻或死亡，从而影响环境和生态平衡。此外，河水水温上升给一些致病微生物造成一个人工温床，使它们得以滋生、泛滥，引起疾病流行，危害人类健康。

造成热污染最根本的原因是能源未能被最有效、最合理地利用。随着现代工业的发展和人口的不断增长，环境热污染将日趋严重。然而，人们尚未有一个量值来规定其污染程度，这表明人们并未对热污染有足够重视。为此，我们应尽快采取行之有效的措施防治热污染。

（二）热污染防治

1.废热的综合利用

充分利用工业的余热，是减少热污染的最主要措施。生产过程中产生的余热种类繁多，有高温烟气余热、高温产品余热、冷却介质余热和废气废水余热等。这些余热都是可以利用的二次能源。我国每年可利用的工业余热相当于5000万吨标煤的发热量。在冶金、发电、化工、建材等行业，通过热交换器利用余热来预热空气、原燃料，干燥产品、生产蒸汽、供应热水等。此外，还可以调节水田水温，调节港口水温以防止冻结。

对于冷却介质余热的利用方面主要是电厂和水泥厂等的冷却水的循环使用，改进冷却方式，减少冷却水排放。对于压力高、温度高的废气，要通过汽轮机等动力机械直接将热能转化为机械能。

2.加强隔热保温

在工业生产中，有些窑体要加强保温、隔热措施，以降低热损失，如水泥窑筒体用硅酸铝毡、珍珠岩等高效保温材料，既减少热散失，又降低水泥熟料热耗。

3.寻找新能源

利用水能、风能、地能、潮汐能和太阳能等新能源，既解决了污染物，又是防止和减少热污染的重要途径。特别是在太阳能的利用上，各国都投入大量人力和财力进行研究，取得了一定的效果。

第三章 环境管理及其可持续发展

第一节 环境监测与评价

环境资源是人类生存和发展的一种基础资源。环境监测是为环境管理服务，它是环境管理的耳与目。从宏观上说，在科学制定可持续发展的具体方针和有效的环境污染防治措施前，必须先了解环境质量和环境污染状况。环境质量评价是指对某一指定区域的要素和环境整体的优劣程度进行定性和定量的描述和评定。环境影响评价是一项控制环境影响的制度，旨在减少项目开发导致的污染，维护人类健康与生态平衡。

一、环境监测

（一）环境监测的概念和目的

1.环境监测的概念

环境监测是指测定代表环境质量的各种标志数据的过程，是环境监测机构按照有关的法律、法规和技术规定、程序的要求，运用科学的、先进的技术方法，对代表环境质量及其发展趋势的各种环境要素进行间接的或连续的监视、测试和解释的科学活动。环境监测是保护生态环境的最佳途径，也是环境管理中的最佳手段。

环境监测的过程，一般包括接受任务、现场调查、收集资料、监测计划设计、优化布点、样品采集、样品运输及保存、样品的预处理、分析测试、数据处理和综合评价等。

环境监测的对象，有自然因素、人为因素和污染组分。环境检测包括化学监测、物理监测、生物监测和生态监测。环境监测可分为常规环境监测、研究型环境监测和应急环境监测。

环境监测的工作内容，不仅包括生态环境、大气环境、水环境、声环境和辐射环境等环境质量的监测，还涉及各行各业众多企业的污染源监测。因此，环境监测具有监测面广、对象复杂等特点。

2.环境监测的目的

环境监测是环境保护工作的重要组成部分，是环境保护的"耳目与哨兵"。通过长期大范围的对环境质量、污染源的定期跟踪监测，取得大量的科学数据，研究环境质量和污染物变化规律，考察对环境生态的影响，为社会经济的可持续发展、为政府环境管理决策和制定法规标准提供依据。

环境监测的作用与目的可归纳如下：

（1）提供代表环境质量现状的数据，判断环境质量是否符合国家制定的环境质量标准，评价当前主要环境问题。

（2）找出环境污染最严重的区域和区域上重要的污染因子，作为主要管理对象，评价该区域环境污染综合防治对策和措施的实际效果。

（3）评价环保设施的性能，为污染源管理提供基础数据。

（4）追踪污染物的污染路线和污染源，判断各类污染源所造成的环境影响，预测污染的发展趋势和当前环境问题的可能趋势。

（5）验证和建立环境污染模式，为新污染源对环境的影响进行预断评价。

（6）积累长期监测资料，为研究环境容量、实施总量控制提供基础数据。

（7）通过累计大量不同地区的环境监测资料，并结合当前和今后一段时期中国科学技术和经济发展水平，制定切实可行的环境保护法规和环境质量标准。

（8）不断揭示新的污染因子和环境问题，研究污染原因、污染物迁移和转化，为环境保护科学研究提供可靠的数据。

总之，环境监测的作用与目的是及时、准确、全面地反映环境质量现状及其发展趋势，为环境管理、环境规划和环境科学研究提供依据。

（二）环境监测的程序与方法

1.环境监测的程序

环境监测的程序因监测目的不同而有所差别，但其基本程序是一致的。

（1）现场调查与资料收集。主要调查收集区域内各种污染源及其排放规律和自然与社会环境特征。自然与社会环境特征包括：地理位置、地形地貌、气象气候、土壤利用情况以及社会经济发展状况。

（2）确定监测项目。监测项目主要根据国家规定的环境质量标准、本地主要污染源及其排放物的特点来选择，并结合优先监测选择，同时还要测定一些气象及水文项目。

（3）确定监测点布置及采样时间和方式。采样点布置是否合理、是否获得有代表性样品的前提，应在调查研究和对相关资料进行综合分析的基础上，根据监测对象和监测项目，并考察人力、物力、财力等因素确定监测点和采样时间。

（4）选择和确定环境样品的保存方法。环境样品存放过程中，由于吸附、沉淀、氧化还原、微生物作用等影响，样品的成分可能发生变化，引起较大误差。因此，从采样到分析测定的时间间隔应尽可能缩短，如不能及时运输和分析测定的样品，需采取适当的方法存放样品。较为普遍的保存方法有冷藏冷冻法和加入化学药剂法。目前认为冷藏温度接近冰点或更低是最好的保存技术，因为冷冻对以后的分析测定无妨碍。

（5）环境样品的分析测试。环境样品试样数量大，试样组成复杂而且污染物含量差别很大。因此，在环境监测中，要根据样品特点和待测组分的情况，权衡各种因素，有针对性地选择最适宜的测定方法。

（6）数据处理与结果上报。由于监测误差存在于环境监测的全过程，只有在可靠采样和分析测试的基础上，运用数理统计的方法处理数据，才可能得到符合客观要求的数据，处理得出的数据应经仔细复核后才能上报。

2.环境监测的方法

环境监测方法从技术角度来看，多种多样，大体可分为化学方法、物理方法和生物方法。

（1）化学监测方法。对污染物的监测，目前使用较多的是化学方法，尤其是分析化学的方法在环境监测得到广泛应用。例如，容量分析、重量分析、光化学分析、电化学分析和色谱分析等。

（2）物理监测方法。物理方法在环境监测中的应用也很广泛，例如，遥感技术在大气污染监测、水体监测以及植物生态调研等方面显示出其优越性，是地面逐点定期测定所无法相比的。

（3）生物监测方法。生物监测方法主要包括大气污染的生物监测和水体污染的生物监测两大类。

（三）环境监测的质量控制

环境监测对象成分复杂，在时间、空间、量级上分布广泛且多变，不易准确测定。特别是在大规模的环境调查中，常需要在同一时间内由多个实验室同时参加、同时测定。这就要求各个实验室从采样到监测结果所提供的数据有规定的准确性和可比性，以便得出正确的结论。环境监测常由多个环节组成，只有保证各个环节的质量，才能获得代表环境质量的各种标志数据，才能反映真实的环境质量。因此，必须加强环境监测过程的质量控制。

1.质量控制的目的

质量控制的目的是使监测数据达到以下五个方面的要求：

（1）准确性，测量数据的平均值与真实值的接近程度。

（2）精确性，测量数据的离散程度。

（3）完整性，测量数据与预期的或计划要求的符合。

（4）可比性，不同地区、不同时期所得的测量数据与处理结果要能够进行比较研究。

（5）代表性，要求所监测的结果能表示所测的要素在一定的空间内和一定时期中的情况。

2.质量控制的内容

（1）采样的质量控制。采样的质量控制主要包括以下几方面内容：审查采样点的布设和采样时间、时段选择；审查样品数量的总量；审查采样仪器和分析仪器是否合乎标准和经过校准，运转是否正常。

（2）样品运送和储存中的质量控制。样品运送和储存中的质量控制主要包括：样品的包装情况、运输条件和运输时间是否符合规定的技术要求。防止样品在运输和保存过程中发生变化。

（3）数据处理的质量控制。数据处理的质量控制主要包括：数据分析、数据精确、数据提炼、数据表达等一系列过程是否符合技术规范要求。

3.实验室的质量控制

监测的质量控制从大的方面可分为采样系统和测定系统两部分。实验室质量控制是测定系统中的重要部分，它分为实验室内质量控制和实验室间质量控制，目的是保证测量结果有一定的精密度和准确度。实验室质量控制必须建立在完善的实验室基础工作之上，实验室的各种条件和分析人员需符合一定要求。

（1）实验室内质量控制。实验室内部质量控制是实验室分析人员对分析质量进行的自我控制的过程。一般通过分析和应用某种质量控制图或其他方法来控制分析质量。

（2）实验室间质量控制。实验室间质量控制是针对使用同一种分析方法时，由于实验室与实验室之间条件不同（如试剂、蒸馏水、玻璃器皿、分析仪器等）以及操作人员不同引起测定误差而提出的。进行这类质量控制通常采用测定标准样品或统一样品、测定加标样品、测定空白平行等方法。

二、环境质量评价

（一）环境质量评价的意义及类型

环境质量评价是对环境品质的优劣给予定量或定性的描述，分为自然环境质量评价和社会环境质量评价。鉴于我国环境污染现状和经济实力，目前我国环境质量评价以自然环境质量评价为主，而社会环境质量评价才刚刚起步。

1.环境质量评价及意义

环境科学的核心是环境质量。环境质量评价是认识环境质量的一种手段和工具。因此，环境质量评价是环境科学中的一个重要分支科学。

环境质量评价是人们认识环境质量、找出环境质量存在的主要问题必不可少的手段和工具。通过环境质量评价可找出评价地区的主要污染源和主要污染物，解决防治什么污染物和在哪儿防治的问题；定量评价环境质量的水平；通过技术、经济比较，提出技术上合理、经济上可行的防治污染途径和方法；为新的开发计划保护环境做出可行性研究；为环境工程、环境管理、环境污染综合防治和环境规划提供基础数据；为国家制定环保政策提供信息。因此，环境质量评价是环境保护的一项基础工作。

2.环境质量评价的类型

环境质量评价类型主要包括下面三种方式：

（1）按评价的时序分类。可分为回顾评价、现状评价和未来评价三种类型，具体如下：

第一，环境质量回顾评价。根据一个地区历年积累的环境资料进行评价，据此可以回顾一个地区环境质量的发展演变过程。

第二，环境质量现状评价。根据近期的环境监测资料，对一个地区或一个生产单位的环境质量现状进行评价。

第三，环境质量未来评价。根据一个地区的经济发展规划或一个建设项目的规模，预测该地区或建设项目将来环境质量变化情况，并做出评价，也称环境影响评价或环境预断评价。

（2）按评价的要素分类，可分为单要素评价和综合评价两种类型。单要素环境质量评价包括大气环境质量评价、水环境质量评价（包括地表水环境质量评价、地下水环境质量评价、海洋环境质量评价）、土壤环境质量评价、噪声环境质量评价、生态环境质量评价等。对一个地区的各个环境要素进行综合评价，称为区域环境质量综合评价。

（3）按评价的区域分类，可分为城市环境质量评价、流域环境质量评价、海域环境质量评价以及风景游览区环境质量评价。环境影响评价也可分为建设项目环境影响评价和开发区环境影响评价。建设项目环境影响评价分为新建项目环境影响评价和扩建、技改项目环境影响评价；开发区环境影响评价分为一个城市新开发小区环境影响评价和几个城市联合开发区的环境影响评价。

（二）环境质量评价的基本程序

环境质量评价工作是一项复杂的系统工程，所涉及的工作环节很多。由于评价项目的规模不同、所处的环境不同、评价目的不同、评价项目选定的评价要素不同，所以在具体执行环境质量评价的程序上会略有差异。但由于所有的环境评价项目都是把污染源、环境及对环境的影响作为三大要素进行调查和研究，所以，环境质量评价的基本程序如下：

1.组织筹备阶段

环境质量评价工作在筹备阶段要做好评价工作组织准备、资金准备，应该根据评价项目的具体情况确定评价工作的目的、范围和方法，制订评价工作日程表和工作计划。下发工作计划及任务通知书，统筹组织各专业部门分工协作。调阅有关资料，并对已掌握资料分析研究，初步确定主要污染源和主要污染因子。

2.环境数据监测阶段

环境质量评价进入实质性工作阶段后，第二步工作主要是根据本地区的环境特点确定主要污染源和主要污染因子，开展监测工作。在监测工作中要注意监测数据的科学性、代表性、可比性和准确性。数据监测所使用的采样、测定、计算等方法应严格按国家规定的标准执行。在监测数据采集过程中，应特别注意采样点的分布与设置、采样时间间隔、气候与风向的变化、旱季与雨季的影响等技术细节。如果时间允许可以坚持数年。

3.评价分析及应用阶段

评价阶段是指当数据监测阶段的工作完成以后，根据环境监测所得到的具体数据，通过环境指数和指标（大气环境指数、水质指数、土壤污染指数、环境噪声指数、生物指标和生物指数等）的计算得到各单项指标数据。这些数据可被用来对被评价地区不同污染因子对环境的污染程度进行定量和定性的判断和描述。分析阶段是指根据环境指数和指标，分析造成环境污染的主要原因、污染发生的条件以及污染对人与动物的影响程度。

环境质量评价的结果不仅被用来衡量一个地区环境质量的优劣，其结果对于环境质量管理部门、规划部门都是很具价值的基础资料。结果应用阶段是指环境保护部门可根据环境质量评价的结果找出环境污染的成因、发生条件，制定控制和减轻环境污染的具体措施。规划部门可以通过制订合理的经济发展计划，调整产业结构，调整工业布局来控制和减少环境污染。

（三）环境质量评价的内容和方法

1.环境质量评价的内容

环境质量评价的内容随不同的研究对象和不同的类型而有所区别。其基本内容包括如下方面：

（1）污染源的调查与评价。通过对各类污染源的调查、分析和比较，研究污染的数量、质量特征，研究污染源的发生和发展规律，找出主要污染源和污染物，为污染治理提供科学依据。

（2）环境质量指数评价。用无量纲指数表征环境质量的高低，是目前最常用的评价方法。包括单因子和多因子评价及多要素的环境质量综合评价。当所采用的环境质量标准一致时，这种环境质量指数具有时间和空间上的可比性。

（3）环境质量功能评价。环境质量标准是按功能分类的，环境质量功能评价就是要确定环境质量状况的功能属性，为合理利用环境资源提供依据。

2.环境质量评价的方法

环境质量评价实际上是对环境质量优劣的评定过程。环境质量现状评价方法主要有调查法、监测法和综合分析法。

（1）调查法。调查法是对评价地区内的污染源（包括排放的污染种类、排放量和排放规律）、自然环境特征进行实地考察，取得定性和定量的资料，以评价区域的环境背景作为标准来衡量环境污染的程度。

（2）监测法。监测法是按评价区域的环境特征布点采样，进行分析测定，取得环境现状的数据，根据环境质量标准或背景值来说明环境质量变化的情况。

（3）综合分析法。综合分析法是环境现状评价的主要方法。这种方法根据评价目的、环境结构功能的特点和污染源评价的结论，并根据环境质量标准，参考污染物之间的协同作用和拮抗作用以及背景值和评价的特殊要求等因素来确定评价标准，说明环境质量变化状况。

三、环境影响评价

环境影响是指人类活动（经济活动、政治活动和社会活动）导致环境变化，以及由此引起的对人类社会的效应。人类活动对环境产生的影响可以是有害的，也可以是有利的；可以是长期的，也可以是短期的；可以是潜在的，也可以是现实的。要识别这些影响，并制定出减轻对环境不利影响的对策措施，是一项技术性极强的工作。

（一）环境影响评价及其类型

环境影响评价，是指对拟议中的建设项目、区域开发计划和国家政策实施后可能产生的影响（后果）进行的系统性识别、预测和评估。其根本目的是鼓励在规划和决策中考虑环境因素，使得人类活动更具环境相容性。

根据目前人类开发建设活动的类型及其对环境的影响程度，可以将环境影响评价分为以下四种类型。

第一，单个建设项目的环境影响评价。单个建设项目的环境影响评价是为某个建设项目的优化选址和设计服务的，主要对某一建设项目的性质、规模等工程特性及所在地区自然环境和社会环境的影响进行评估，提出环境保护对策建设与要求，进行简要的环境经济损益分析等。

第二，多个建设项目的环境影响联合评价。多个建设项目的环境影响联合评价指的是在同一地区或统一评价区域内进行两个以上建设项目的整体评价，即将多个项目作为整体视若一个建设项目进行环境影响评价。所得预测结果能比较确切地反映出各单个建设项目对环境的综合影响，便于实行环境总量控制的对策。

第三，区域开发项目的环境影响评价。区域环境影响评价指的是对区域内（如经济开发区、高科技开发区、旅游开发区等）拟议的所有开发建设行为进行的环境影响评价。评价的重点是论证区域内未来建设项目的布局、结构和时序，提出经济上可行、经济布局合理、对全区环境影响较少的整体优化方案，促使区域内人口、环境与开发建设之间协调发展。可为开展环境容量分析，进行环境污染总量控制，提出区域环境管理及环境保护机构设置意见。

第四，战略及宏观活动的环境影响评价。战略及宏观活动的影响评价指的是对人类环境质量有重大影响的宏观人为活动，如国家的计划（规划）、立法、政策方针（或建议案）等进行环境影响分析。着眼于全国的、长期的环境保护战略，考虑的是一项政策、一个规划可能造成的影响。这类评价所采用的方法多是定性和半定量的预测方法和各种综合判断、分析的方法，是为最高层次的开发建设决策服务的。

（二）环境影响评价意义及作用

长期以来，人们对于人类活动所造成的环境影响，只能进行被动的防治，也就是在环境被污染之后，再去采取补救措施。这种做法造成了严重的环境污染，"公害"事件泛滥，人们付出了很大代价，这才逐步认识到经济发展、大型建设项目和环境的相互影响。有些能够事后得到恢复，有些则属于不可逆变化，事后很难挽救，于是人们便开始积极探索事先预防的途径。

环境影响评价正是适应这一需要而探索出来的一种实用技术，它的意义和作用表现在以下方面：

第一，环境影响评价是经济建设实现合理布局的重要手段。经济的合理布局又是保证经济持续发展的前提条件，也是充分利用物质资源和环境资源防止局部地区因工业集中、人口过密、交通拥堵而造成环境严重污染的有力措施。因此，环境影响评价在经济建设中具有重要的作用。

第二，开展环境影响评价是对传统工业布局做法的重大改革。它可以把经济效益与环境效益统一起来，使经济与环境协调发展。进行环境影响评价的过程，也就是认识生态环境与人类经济活动相互依赖、相互制约的过程。在这个过程中，不但要考虑资源、能源、交通、技术、经济、消费等因素，还要分析环境现状，阐明环境承受能力和防治对策。

第三，环境影响评价为制定防治污染对策和进行科学管理提供必要的依据。在开发建设活动中，唯一正确的途径就是努力实现经济与环境保护协调发展，使经济活动既能得到发展，又能把开发建设活动对环境带来的污染与破坏限制在符合环境质量标准要求的范围内。环境影响评价是实现这一目标必须采用的方法，因为环境影响评价能指导设计，使建设项目的环保措施建立在科学、可靠的基础上，从而保证环保设计得到优化，同时还能为项目建成后实现科学管理提供必要的数据。

第四，通过环境影响评价还能为区域经济发展方向和规模提供科学依据。进行环境综合分析与评价后可以减少由于盲目地确定该地区经济发展方向和规模所带来的环境问题。

总之，环境影响评价是正确认识经济、社会和环境之间相互关系的科学方法，是正确处理经济发展与环境保护关系的积极措施，也是强化区域环境规划管理的有效手段。所以全面推行环境影响评价对经济发展和环境保护均有重大意义。

（三）环境影响评价的工作程序

环境影响评价的工作程序大体可以分以下三个阶段：

第一阶段为准备阶段，主要工作为研究有关文件，进行初步的工程分析和环境现状调查，筛选重点评价项目，确定各单项环境影响评价的工作等级，制定评价大纲。

第二阶段为正式工作阶段，主要工作为工程分析和环境现状调查，并进行环境预测和评价环境影响。

第三阶段为报告书编制阶段，主要工作为汇总、分析第二阶段所得到的各种资料、数据，得出结论，完成环境影响报告书的编制。

环境影响报告书应着重回答建设项目的选址正确与否以及所采取的环境保护措施是否能满足要求。在正式工作阶段，应按如下步骤进行：

1.工程项目分析

拟建项目的工程分析是环境影响评价的重要组成部分，应将工程项目分解成如下环节进行分析。

（1）工艺过程。通过工艺过程分析，了解各种污染物的排放源和排放强度，了解废物的治理回收和利用措施等。

（2）原材料的储运。通过对建设项目资源、能源、废物等的装卸、储运及预处理等环节的分析，掌握这些环节的环境影响情况。

（3）厂地（场地）的开发。通过了解拟建项目对土地利用现状和土地利用形式的转变，分析项目用地开发利用带来的环境影响。

（4）其他情况，主要指事故与泄露，判断其发生的可能性及发生的频率。

2.环境影响识别

对建设工程的可能环境影响进行识别，列出环境影响识别表，逐项分析各种工程活动对各种环境要素，诸如大气环境、水环境、土壤环境及生态环境的影响，择其重点深入进行评价。

3.环境影响预测

（1）大气环境影响预测。首先应调查收集建设项目所在地区内的各种污染源、大气污染物排放状况，然后对建设项目的大气污染排放做初步估算，包括排放量、排放强度、排放方式、排放高度及在事故情况下的最大排放量。

大气环境影响评价范围主要根据建设项目的性质及规模确定。评价范围的边长一般由几千米到几十千米。大气质量监测布点可按网格、扇形、同心圆多方位及功能分区布点法进行。

（2）水环境影响预测。首先调查收集建设项目所在地区污染源向水环境的排污状况，然后对建设项目的水环境污染物做出估算，包括排放量、排放方式、排放强度和事故排放量等。

为全面反映评价区内的环境影响，水环境的预测范围等于或略小于现状调查的范围；预测的阶段应分为建设阶段、生产运营阶段以及服务期满后三个阶段；预测的时间段应按冬、夏两季或丰水期、枯水期进行预测。

为完成以上环境评价工作内容，其工作程序安排包括：凡新建或扩建工程，首先由建设单位向环保部门提出申请，经审查确定应该进行何种等级的环境影响评价，确定等级后，由建设单位委托有关单位承担，该受托单位必须是由国家环保部门确认的具有从事环境影响评价证书的单位。我国生态环境部颁发的环境评价证书分为甲级和乙级等，建设单位应根据具体情况选择不同级别的单位。

（四）环境影响评价的主要方法

所谓环境影响评价方法，就是对调查收集的数据和信息进行研究和鉴别的过程，以实现量化或直观地描述评价结果为目的。环境影响评价方法主要有列表清单法、矩阵法、网络法、图像叠置法、质量指标法（综合指数法）、环境预测模拟模型法。

第一，列表清单法。列表清单法多用于环境影响评价准备阶段，以筛选和确定必须考虑的影响因素。具体办法是将拟建工程项目或开发活动与可能受其影响的环境因子分别列于同一张表格中，然后用不同符号或数字表示对各环境因子的影响情况，其中包括有利与不利影响，直观地反映项目对环境的影响。此法也可用来作为几种方案的对比，这种方法使用方便，但不能对环境影响评价程序做出定量评价。

第二，矩阵法。矩阵法是将开发项目各方案与受影响的环境要素特性或事件集中于一个非常容易观察和理解的形式——矩阵之中，使其建立起直接的因果关系，以说明哪些行为可以影响哪些环境特性以及影响程度的大小。矩阵法有相关矩阵法、迭代矩阵法和表格矩阵法等。

第三，网络法。网络法是以树枝形状表示出建设项目或开发活动所产生的原发性影响和诱发性影响的全貌。用这种方法可以识别出方案行为可能会通过什么途径对环境造成影响及其相互之间的主次关系。

第四，图像叠置法。图像叠置法是将若干张透明的标有环境特征的图叠置在同一张底图上，构成一份复合图，用以表示出被影响的环境特性及影响范围的大小。该方法首先做底图，在图上标出开发项目的位置及可能受到影响的区域，然后对每一种环境特性做评价，每评价一种特性就要进行一次覆盖透视，影响程度用黑白相间的颜色符号或做成不同的明暗强度表示。将各个不同代号的透明图重叠在底图上就可以得到工程的总影响图。

第五，质量指标法（综合指数法）。质量指标法是环境质量评价综合指数法的扩展形式。质量指标法的特点是采用函数变换的方法把环境参数转换为某种环境质量等级值，然后将等级值与权重值相乘得到环境影响值，根据环境影响值即可对各种行为的影响进行评价。

第六，环境预测模拟模型法。环境预测模拟模型法又称环境影响预测法，其做法是在可能发生的重大环境影响之后，预测环境的变化量、空间的变化范围、时间的变化阶段等。在物理、化学、生物、社会、经济等复杂关系中，做出定量或定性的探索性描述。在环境影响评价中用到的模拟模型有污染分析模型、生态系统模型、环境影响综合评价模型和动态系统模型等。

第二节　环境管理与规划

一、环境管理

环境管理是伴随着人类活动而逐渐产生和发展起来的，它是一种人类管理自身行为的行为活动，以达到保护环境和促进人类健康和谐发展的目的。环境管理通常包含两层含义：一是将环境管理作为一门学科来看，即环境管理学。它是环境科学和管理科学交叉渗透的产物，是一门研究环境管理最一般规律的科学，它研究的是正确处理自然生态规律与社会经济规律对立统一关系的理论和方法，以便为环境管理提供理论和方法上的指导；二是将环境管理作为一个工作领域，是环境管理学在环境保护工作中的具体运用，是政府环境行政管理部门的一项主要职能。

（一）环境管理的特点

环境管理概念的形成与发展是同人们对于环境问题的认识过程联系在一起的。环境管理可概括为：依据国家的环境政策、法规、标准，从综合决策入手，运用技术、经济、法律、行政、教育等手段，对人类损害环境质量的活动施加影响，通过全面规划，协调发展与环境的关系，达到既发展经济满足人类的基本需要，又不超过环境的容许极限。环境管理的主要特点如下：

1.综合性

环境管理的内容涉及土壤、水、大气、生物等各种环境因素，环境管理的领域涉及经济、社会、政治、自然、科学技术等方面，环境管理的范围涉及国家的各个部门，环境管理的手段包括行政的、法律的、经济的、技术的和教育的手段等，所以环境管理具有高度的综合性。开展环境管理必须从综合决策入手，综合协调、综合管理。

2.区域性

环境问题与地理位置、气候条件、人口密度、资源蕴藏、经济发展、生产布局以及环境容量等多方面的因素有关，所以环境管理具有明显的区域性。这些特点要求环境管理采取多种形式和多种控制措施，不能盲目照搬其他地区先进的管理经验，必须根据区域环境特征，有针对性地制定环境保护目标和环境管理的对策措施，以地区为主进行环境管理。

3.广泛性

每个人都在一定的环境中生活，人们的活动又作用于环境，环境质量的好坏，同每一个社会成员有关，涉及每个人的切身利益。所以环境保护不只是环境专业人员和专门机构的事情，开展环境管理需要社会公众的广泛参与和监督，要广大公众的协同合作，才能成功地解决环境问题。

（二）环境管理的职能

环境管理是国家机关的一种基本职能，它是国家机关对政治、经济、文化、外交、科学教育等各个社会领域行使管理职能的一个组成部分。环境管理的目的是协调社会经济发展与保护环境的关系，给人类营造一个良好的生活、劳动环境，使经济得到长期稳定的增长。环境管理部门的职能就是运用规划、组织、协调、监督、检查、研究、支持等各种方式去推动环境保护事业的发展，实现环境管理目标。

1.宏观指导

宏观指导是环境管理的一项重要职能。它通过制定和实施环境保护战略对地区、部门、行业的环境保护工作进行指导，包括确定战略重点、环境总体目标（战略目标）、总量控制目标、制定战略对策。通过制定环境保护的方针、政策、法律法规、行政规章及相关的产业、经济、技术、资源配置等政策，对有关环境及环境保护的各项活动进行规范、控制、引导。

2.统筹规划

环境规划是环境决策在时间和空间上的具体安排，是政府环境决策的具体体现，在环境管理中起着指导作用。它的首要任务是研究制定区域宏观环境规划并在此基础上制定和实施专项详细环境规划，通过规划来调整资源、人口、经济与环境之间的关系，控制污染，保护和改善生态环境，促进经济与环境协调发展。

3.组织协调

即将各地区、各部门、各方面的环境保护工作有机地结合起来，通过协调，减少相互脱节和矛盾，以相互沟通、分工合作、统一步调，共同实现环境保护目标要求。组织协调包括战略协调、政策协调、技术协调和部门协调。

4.提供服务

环境管理以经济建设为服务中心，为推动地区、部门、行业的环境保护工作提供服务。包括提供技术指导、建立环境信息咨询和环保市场信息服务。

5.监督检查

对地区和部门的环境保护工作进行监督检查是根据国家有关法律赋予环境保护行政主管部门的一项权力，也是环境管理的一项重要职能。环境管理的监督检查职能主要包括：环境保护法律法规执行情况的监督检查，制定和实施环境保护规划的监督检查，环境标准执行情况的监督检查，环境管理制度执行情况的监督检查以及自然保护区建设和生物多样性保护的监督检查等。

环境监督检查工作中最重要的任务是健全环境保护法规和环境标准，环境法规、环境标准和环境监测是环境管理部门执行监督检查职能的基本依据，三者缺一不可。

（三）环境管理的对象

环境管理是运用各种手段调整人类社会作用于环境的行为，对人类的社会经济活动进行引导并加以约束，使人类社会经济活动与环境承载力相适用，实现社会的可持续发展。因此，环境管理的对象应该是人类社会的环境行为，具体可分为公众行为、企业行为和政府行为。

1.公众行为

需要是人的行为的原动力，个体的人为了满足自身生存和发展的需要，通过生产劳动或购买去获得用于消费的物品和服务。例如，农民将自己种植的部分粮食、蔬菜用于消费，以满足自己及家庭成员的基本生存需要；城市居民从市场中购买物品以满足需要等。人们在消费这些物品的过程中或在消费以后，将会产生各种负面影响。如对消费品进行清洗、加工处理过程中会产生生活垃圾，在运输和保存消费品时会产生包装废物，在消费品使用后，迟早也成为废物进入环境。

由于公众的消费行为会对环境造成不良影响，因此公众行为是环境管理的主要对象之一。为此必须唤醒公众的环境意识，改变传统的价值观和消费观，提倡节俭消费、绿色消费。同时还要采取各种技术和管理措施，最大限度地降低消费过程中对环境的影响。

总之，在市场经济条件下，可以运用经济刺激手段和法律手段，引导和规范消费者的行为，建立合理的绿色消费模式。

2.企业行为

企业作为社会经济活动的主体，其主要目标通常是通过向社会提供物质性产品或服务来获得利润。在生产过程中，他们从自然界索取自然资源，作为原材料投入生产活动中，同时排放出一定数量的污染物。因此，企业的生产活动对环境系统的结构、状态和功能均有极大的负面影响。原材料的采集，直接改变了环境的结构，进而影响环境的功能，比如为了满足造纸的需要，森林被过度砍伐，导致森林生态系统功能的丧失；生产过程中产生的废气、废水、废渣，对人体健康和生态系统均有极大的危害。

由此可见，企业行为是环境管理中又一个重要的管理对象。要控制企业对环境产生的不良影响，就必须制定严格的环境标准，限制企业排污量，禁止兴建高消耗、重污染的企业，运用各种经济刺激手段，鼓励清洁生产，发展高科技无污染、少污染与环境友好的企业等。

3.政府行为

政府行为是人类社会最重要的行为之一，政府作为社会行为的主体，为社会提供公共消费品和服务，如供水、供电等，这种情况在世界范围内具有普遍性。作为投资者为社会提供一般的商品和服务，这在我国比较突出。掌握国有资产和自然资源的所有权，以及对自然资源开发利用的经营和管理权。对国民经济宏观调控和引导，其中包括政府对市场的政策干预。

政府的行为同样会对环境产生这样或那样的影响。其中特别值得注意的是宏观调控对环境所产生的影响具有极大的特殊性，既牵涉面广、影响深远，又不易察觉。政府行为对环境的影响是复杂的、深刻的，既可以有重大的正面影响，也可能有巨大的难以估计的负面影响。要防止和减轻政府行为所造成和引发的环境问题，关键是促进宏观决策的科学化，并注意决策的民主化和政府施政的法治化。

（四）环境管理的内容

环境管理所面对的是整个社会经济——自然环境系统，着力于对损害环境质量的人的活动施加影响，协调发展与环境的关系，因此环境管理涉及的范围广，内容也非常丰富。环境管理的内容可以从不同角度来划分。

1.按环境管理的范围划分

（1）资源环境管理。资源环境管理是依据国家资源政策，以自然资源为管理对象，以保证资源的合理开发和持续利用，包括可再生资源的恢复与扩大再生产，以及不可更新（再生）资源的节约利用和替代资源的开发，如土地资源管理、水资源管理、生物资源管理等。

（2）区域环境管理。区域环境管理是以特定区域为管理对象，以解决区域内环境问题为内容的一种环境管理，主要指协调区域社会经济发展目标和环境目标，进行环境影响预测，制定区域环境规划并保证环境规划的实施。包括国土的环境管理，省、自治区、直辖市的环境管理以及流域环境管理等。

（3）部门环境管理。部门环境管理是以具体的单位和部门为管理对象，以解决该单位或部门内部的环境问题为内容的一种环境管理。部门环境管理包括能源环境管理、工业环境管理、农业环境管理、交通运输环境管理、商业和医疗等部门的环境管理以及各行业、企业的环境管理等。

2.按环境管理的性质划分

（1）环境计划管理（规划管理）。环境计划管理是依据规划或计划而开展的环境管理，也称为环境规划管理，主要是把环境目标纳入发展计划，以制定各种环境规划和实施计划，并对环境规划的实施情况进行监督和检查，再根据实际情况修正和调整环境保护年度计划方案，改进环境管理对策和措施。环境计划管理包括：整个国家的环境规划、区域或水系的环境规划、城市环境规划等。

（2）环境质量管理。环境质量管理是为了保持人类生存与健康所必需的环境质量而进行的各项管理工作。包括环境标准的制定，环境质量及污染源的监控，环境质量变化过程、现状和发展趋势的分析评价以及编写环境质量报告书等。

（3）环境技术管理。通过制定技术政策、技术标准、技术规程以及对技术发展方向、技术路线、生产工艺和污染防治技术进行环境经济评价，以协调经济发展与环境保护的关系。

环境技术管理包括两方面的内容：①制定恰当的技术标准、技术规范和技术政策；②限制在生产过程中采用损害环境质量的生产工艺，限制某些产品的使用，限制资源的不合理开发使用，通过这些措施，使生产单位采用对环境危害最小的技术，促进清洁工艺的发展，促进企业的技术改造与创新。

（4）环境监督管理。环境监督管理是运用法律、行政、技术等手段，根据环境保护的政策、法律法规、环境标准、环境规划的要求，对各地区、各部门、各行业的环境保护工作进行监察督促，以保证各项环保政策、法律法规、标准、规划的实施。

环境管理内容的划分，只是为了研究问题的方便。事实上，各类环境管理的内容是相互交叉、渗透的关系，如城市环境管理中又包括环境质量管理、环境技术管理等内容。

（五）环境管理的手段

1.行政手段

行政手段主要指国家和地方各级行政管理机关，根据国家行政法规所赋予的组织和指挥权力进行管理，是环境保护部门经常大量采用的手段，主要是研究制定环境方针、政策，建立法规，颁布标准，进行监督协调，对环境资源保护工作实施行政决策和管理；组织制定和检查环境计划；运用行政权力对某些区域采取特定措施，如将某些地域划为自然保护区、重点治理区、环境保护特区；对某些危害环境严重的工业、交通、企业要求限期治理或勒令停产、转产或搬迁；对易产生污染的工程设施和项目，采取行政制约手段，如审批环境影响报告书、发放与环境保护有关的各种许可证；审批有毒有害化学品的生产、进口和使用；管理珍稀动植物物种及其产品的出口、贸易事宜；对重点城市、地区、水域的防治工作给予必要的资金或技术帮助等。

2.经济手段

经济手段是指利用价值规律，运用价格、税收、补贴、信贷等货币或金融手段，引导和激励生产者在资源开发中的行为，促进社会经济活动主体节约和合理利用资源，积极治理污染。经济手段是环境管理中的一种重要措施，如在环境管理过程中采取的污染税、排污费、财政补贴、优惠贷款等都属于环境管理中的经济手段。

3.法律手段

法律手段是环境管理强制性措施，按照环境法规、环境标准来处理环境污染和破坏问题，是保障自然资源合理利用，并维护生态平衡的重要措施。主要有对违反环境法规、污染和破坏环境、危害人民健康的单位或个人给予批评、警告、罚款或责令赔偿损失，协助和配合司法机关对违反环境保护法律的犯罪行为进行斗争、协助仲裁等。

4.技术手段

技术手段是指借助那些既能提高生产率，又能把对环境污染和生态破坏控制到最小限度的技术以及先进的污染治理技术等来达到保护环境目的的手段。技术手段种类很多，如推广和采用清洁生产工艺，因地制宜地采用综合治理和区域治理技术，交流国内外有关环境保护的科学技术情报，组织推广卓有成效的管理经验和环境科学技术成果，开展国际环境科学技术合作等。

5.环境教育手段

环境教育是环境管理不可缺少的手段。主要是通过报纸杂志、电影电视、展览会、报告会、专题讲座等多种形式，向公众传播环境科学知识，宣传环境保护的意义以及国家有关环境保护和防治污染的方针、政策等。通过环境教育提高全民族的环境意识，激发公民保护环境的热情和积极性，把保护环境变成自觉行动，从而制止浪费资源、破坏环境的行为。环境教育的形式包括基础教育、专业教育和社会教育。

二、环境规划

环境规划是人类为克服经济社会活动的盲目性和主观随意性，使环境与经济协调发展，而对自身活动和环境所作的时间和空间的合理安排和规定。环境规划是实行环境目标管理的准绳和基本依据，是环境保护战略和政策的具体体现，也是国民经济和社会发展规划体系的重要组成部分。编制和实施环境规划，对于协调经济发展与环境的关系以及保证国家的长治久安和可持续发展具有深远的意义。

（一）环境规划的作用

第一，促进环境与社会、经济持续发展。为达此目的，需做三件事：①根据保护环境的目标要求，对人类经济和社会活动提出一定的约束和要求，如确定合理的生产规模、生产结构和布局，采取有利于环境的技术和工艺，实行正确的产业政策和措施，提供必要的环境保护资金等；②根据经济和社会发展以及人民生活水平提高对环境越来越高的要求，对环境的保护与建设活动做出的时间和空间的安排与部署；③对环境的使用和状态、质量目标作出规定，包括环境功能区划，确定不同的用途和保护目标等。因此，环境规划是一种克服人类经济社会活动与环境保护的盲目性和主观随意性的科学决策活动，必须注重预防为主，防患于未然。它的重要作用就在于协调人类活动与环境的关系，预防环境问题的发生，促进环境与经济、社会的持续发展。

第二，保障环境保护活动纳入国民经济和社会发展计划。不管是计划经济还是市场经济，环境保护都离不开政府的主导作用。我国经济体制由计划经济转向社会主义市场经济后，制定规划、实施宏观调控仍然是政府的重要职能，中长期计划在国民经济中仍起着十分重要的作用。环境保护活动是我国经济生活中的重要活动，又与经济、社会活动有着密切的联系，必须纳入国民经济和社会发展计划之中，进行综合平衡，才能顺利进行。环境规划就是环境保护活动的行动计划，为了便于纳入国民经济和社会发展计划，环境规划在目标、指标、项目、措施、资金等方面都应经过科学论证、精心规划。

总之要有一个完善的环境规划，才能保障环境保护纳入经济和社会发展计划。

第三，合理分配排污削减量，约束排污者的行为。根据环境的纳污容量以及"谁污染谁承担削减责任"的基本原则，公平地规定各排污者的允许排污量和应削减量，为合理地、指令性地约束排污者的排污行为，消除污染提供科学依据。

第四，以最小的投资获取最佳的环境效益。环境是人类生存的基本要素、生活的重要指标，又是经济发展的物质源泉，环境问题涉及经济、人口、资源、科学技术等诸多方面，是一个多因子、多层次、多目标的、庞大的动态系统。保护环境和发展经济都需要资源和资金，在有限的资源和资金条件下，特别是对发展中的中国来讲，如何用最小的资金，实现经济和环境的协调发展，就显得十分重要。环境规划正是运用科学的方法，保障在发展经济的同时，以最小的投资获取最佳环境效益的有效措施。

第五，指导各项环境保护活动的进行。环境规划制定的功能区划、质量目标、控制指标和各种措施乃至工程项目，给人们提供了环境保护工作的方向和要求，指导环境建设和环境管理活动的开展。没有一个科学的规划，人类活动就是一个盲目的活动。环境规划是指导各项环境保护活动克服盲目性，按照科学决策的方法规定的行动计划。

为此，环境规划必须强调科学性和可操作性，以保证科学合理和便于实施，更好地发挥环境规划的先导作用。

（二）环境规划的任务

环境规划的任务，是解决和协调国民经济发展和环境保护之间的矛盾，以期科学地规划（或调整）经济发展的规模和结构，恢复和协调各个生态系统的动态平衡，促使人类生态系统向更高级、更科学、更合理的方向发展。

1.环境规划的基本任务

（1）全面掌握地区经济和社会发展的基础资料，编制地区发展的规划纲要。通过调查研究、搜集有关地区经济和社会发展长期计划以及各项基础技术资料。在搜集整理资料过程中，必须对本地区的资源作全面分析与评价。所谓资源指的是自然资源、经济资源和社会资源。通过对本地区的资源分析与评价，以便进一步制定地区经济和社会发展的目标并保证其性质、任务和方向，确定地区工农业生产发展的专业化和综合发展内容与途径，编制地区发展的规划纲要。

（2）搞好地区内工农业生产力的合理布局。工业合理布局是区域环境规划中的主要任务之一。

首先，要对工业分布的现状进行分析，揭露问题和矛盾，以便从根本上加以解决。

其次，要根据地区发展的规划纲要，结合地区经济、社会、历史以及地理条件，将各类工业合理地组合布置在最适宜的地点，使工业布局与资源、环境以及城镇居民点、基础设施等建设布局相协调。

农业是国民经济的基础，农业的发展与土地的开发利用关系密切，发展农业，就要结合农业区域提供情况，因地制宜地安排好农、林、牧、副、渔业等各项生产用地，加强城郊副食基地的建设，妥善解决工农业之间以及农业与各项建设之间在用地、用水和能源等方面的矛盾，做到资源利用配置合理，形成区域生产力合理布局。

（3）合理布局产生污染的工业的体系，形成相关工业生产链。污染工业的合理布局是区域环境规划中需要解决的重要任务之一，因此应主要抓好这些方面的工作：①对区域内污染工业的分布现状进行分析，揭露矛盾，以便在今后调整和建设过程中逐步改善布局；②对于国家计划确定的大型骨干工程，组织有关部门进行联合选厂定点，并进行环境影响评价，预测该工程投产以后对环境可能带来的不利影响，并采取减少其不利影响的保护措施，以期达到规定的环境目标；③在新开发的工业区，要形成工业生产链，以便充分利用资源，减少环境污染。

（4）充分合理地利用资源，提高资源利用率。对全国各地的资源结构进行全面分析和评价，在对比中弄清长处和短处以及有利条件和限制因素，以便因地制宜、扬长避短，最大限度地利用资源。

（5）搞好环境保护，建立区域生态系统的良性循环。由于社会化大生产和资源的大量开发，引起了生态环境的变化和环境的污染，环境保护已成为人们普遍关心的问题。防止水源地、城镇居民点与风景旅游区的污染，保护自然保护区和历史文物古迹，建设供人们休闲的场地，已成为人们普遍的呼声。区域环境规划应力求减轻或免除对自然的威胁，恢复已被破坏的生态平衡，使大自然的生态向良性循环发展，还应进一步改善和美化环境。对局部被人类活动改造过的地表进行适当修饰，搞好大地绿化和重点园林绿地规划，丰富文化设施，增加休憩和旅游的活动场所。

（6）制定环境保护技术政策。环境保护技术政策，涉及国民经济和社会发展的需要和可能，资源、能源合理开发利用的程度，生态环境保护与人体健康，国民经济技术开发战略等多方面错综复杂关系，而且还与环境质量的背景、现状和未来发展直接相关。

因此，我们强调要制定统一的环境保护技术政策，用以指导制定环境规划。制定环境保护技术政策，既要和有关技术经济政策相协调，又要从环境保护战略全局的需要加以统筹安排，起到横向综合与协调的作用，体现控制环境质量动态发展过程。

2.我国环境规划的基本任务

当前，我国环境规划主要包括以下工作：

（1）进一步落实环境保护基本国策；坚持污染防治与保护生态环境并重。

（2）总量控制计划。

（3）建立和完善综合决策、监管和共管、环境投入和公众参与四项制度。

（三）环境规划的类型

1.按性质划分

环境规划从性质上分，有生态规划、污染综合防治规划、专题规划（如自然保护区规划）和环境科学技术与产业发展规划等。

（1）生态规划。在编制国家或地区经济社会发展规划时，不是单纯考虑经济因素，应把当地的地球物理系统、生态系统和社会经济系统紧密结合在一起进行考虑，保证国家或地区的经济发展能够符合生态规律，既能促进和保证经济发展，又不破坏当地的生态系统。一切经济活动都离不开土地利用，各种不同的土地利用对地区生态系统的影响是不一样的，在综合分析各种土地利用的"生态适宜度"的基础上，制定土地利用规划，通常称之为生态规划。

（2）污染综合防治规划。污染综合防治规划也称之为污染控制规划，是当前环境规划的重点，按内容可分为工业（行业、工业区）污染控制规划、农业污染控制规划和城市污染控制规划。根据范围和性质的不同又可分为区域污染综合防治规划和部门污染综合防治规划。

（3）自然保护区规划。自然保护区规划虽然广泛，但根据《中华人民共和国环境保护法》规定，主要是保护生物资源和其他可更新资源。此外，还有文物古迹、有特殊价值的水源地和地貌景观等。我国幅员辽阔，不但野生动植物资源等可更新资源非常丰富，而且有特殊价值的保护对象也比较多，迫切需要分类统筹加以规划，尽快制定全国自然保护的发展规划和重点保护区规划。

（4）环境科学技术与产业发展规划。环境科学技术与产业发展规划主要内容有为实现上述规划类型所需要的科学技术研究、发展环境科学体系所需要的基础理论研究、环境管理现代化的研究和环境保护产业发展研究。

2.按规划期划分

按规划期可分为长远环境规划、中期环境规划以及年度环境保护计划。

（1）长远环境规划，一般跨越时间为10年以上。

（2）中期环境规划，一般跨越时间为5—10年，5年环境规划一般称五年环境计划。五年环境计划便于与国民经济社会发展计划同步，并纳入其中。

（3）年度环境保护计划，实际上是五年计划的年度安排，它是五年计划分年度实施的具体部署，也可以对五年计划进行修正和补充。

3.按环境要素划分

（1）大气污染控制规划。大气污染控制规划，主要是在城市或城市中的小区进行，其主要内容是对规划区内的大气污染控制，提出基本任务、规划目标和主要的防治措施。

（2）水污染控制规划。水污染控制规划包括区域、水系、城市的水污染控制。具体地讲，水域（河流、湖泊、地下水和海洋）环境保护规划的主要内容是对规划区内水域污染控制，提出基本任务、规划目标和主要防治措施。

（3）固体废物污染控制规划。固体废物污染控制规划是省、市、区、行业和企业等的规划，主要对规划区内的固体废物处理处置、综合利用进行规划。

（4）噪声污染控制规划。噪声污染控制规划一般指城市、小区、道路和企业的噪声污染防治规划。

4.按环境与经济的辩证关系划分

（1）经济制约型。经济制约型环境规划是为了满足经济发展的需要，强调环境保护服从于经济发展的需求，一般表现为解决已发生的环境污染和生态的破坏，制定相应的环境保护规划。

（2）协调型。协调型环境规划反映了促使经济与环境之间的协调发展，强调环境目标和经济目标的统一，以提出经济和环境目标为出发点，以实现这一双重目标为终点。

（3）环境制约型。环境制约型环境规划体现经济发展服从于环境保护的需要，主张经济发展目标要建立在保护环境基础上，从充分、有效地利用环境资源出发，同时防止在经济发展中产生环境污染，制定环境保护规划。

5.按照行政区划和管理层次划分

按行政区划和管理层次可分为国家环境规划、省（自治区、直辖市）环境规划、市环境规划、部门环境规划、县(市、区)环境规划、农村环境规划、自然保护区环境规划、城市综合整治环境规划和重点污染源（企业）污染防治规划。国家环境规划，规划范围很大，涉及整个国家，是全国发展规划的组成部分，是全国的环境保护工作的指令性文件，省、市各级政府和环保部门都要依据国家环境规划提出本地的环境保护目标和要求，结合当地实际情况制定本地区的环境规划。

（四）环境规划的内容

由于环境规划种类较多，内容侧重点各不相同，环境规划没有一个固定模式，但其基本内容有许多相近之处。下面以环境规划的编制程序为主线，对其所包括的具体内容予以介绍。一般来说，编制环境规划主要是为了解决一定区域范围内的环境问题和保护该区域内的环境质量。无论哪一类环境规划，都是按照一定的规划编制程序进行的。

环境规划编制的基本程序主要如下：

1.编制各项工作计划

由环境规划部门的有关人员，在开展规划工作之前，提出规划编写提纲，并对整个工作规划组织和安排，编制各项工作计划。

2.环境现状调查和评价

环境现状调查和评价是编制环境规划的基础，通过对区域的环境状况、环境污染与自然生态破坏的调研，找出存在的主要问题，探讨协调经济社会发展与环境保护之间的关系，以便在规划中采取相应的对策。

（1）环境调查。环境调查的基本内容包括环境特征调查、生态调查、污染源调查、环境质量调查、环保治理措施效果调查以及环境管理现状调查等，具体内容如下：

第一，环境特征调查。环境特征调查主要有自然环境特征调查（如地质地貌，气象条件和水文资料，土壤类型、特征及土地利用情况，生物资源种类形状特征、生态习性，环境背景值等）、社会环境特征调查（如人口数量、密度分布，产业结构和布局，产品种类和产量，经济密度、建筑密度、交通公共设施、产值、农田面积、作物品种和种植面积、灌溉设施、渔牧业等）、经济社会发展规划调查（如规划区内的短、中、长期发展目标，包括国内生产总值、国民收入、工农业生产布局以及人口发展规划、居民住宅建设规划、工农业产品产量、原材料品种及使用量、能源结构、水资源利用等）。

第二，生态调查。生态调查主要有环境自净能力、土地开发利用情况、气象条件、绿地覆盖率、人口密度、经济密度、建设密度、能耗密度等。

第三，污染源调查。污染源调查主要包括工业污染源、农业污染源、生活污染源、交通运输污染源、噪声污染源、放射性和电磁辐射污染源等。

第四，环境质量调查。环境质量调查主要调查对象是环境保护部门及工厂企业历年的监测资料。

第五，环境保护措施效果调查。环境保护措施效果的调查主要是对环境变化工程措施的削减效果及其综合效益进行分析评价。

第六，环境管理现状调查。环境管理现状调查主要包括环境管理机构、环境保护工作人员业务素质、环境政策法规和标准的实施情况、环境监督的实施情况等。

（2）环境质量评价。环境质量评价即按一定的评价标准和评价方法，对一定区域范围内的环境质量进行定量的描述，以便查明规划区环境质量的历史和现状，确定影响环境质量的主要污染物和主要污染源，掌握规划区环境质量变化规律，预测未来的发展趋势，为规划区的环境规划提供科学依据。

3.环境预测分析

环境预测是在环境调查与评价的基础上，根据所掌握环境方面的信息资料推断未来，预估环境质量变化和发展趋势，以便提出防止环境进一步恶化和改善环境质量的对策。它预先推测出经济发展达到某个水平年时的环境状况，然后再根据预测结果，对人类经济活动做出时间和空间上的具体安排和部署。

环境预测是环境决策的重要依据，没有科学的环境预测就不会有科学的环境决策，当然也就不会有科学的环境规划。环境预测的内容主要包括：污染源预测、环境污染预测、生态环境预测、环境资源破坏和环境污染造成的经济损失预测。

4.环境功能区划

每个地区由于其自然条件和人为利用方式不同，具体表现为它们在该区域内所执行的功能不同。每个地区执行的功能不一样，对环境的影响程度就不一样。执行工业功能的地区，大气易受污染，邻近的噪声污染也严重；而执行文教功能的地区，大气较清洁，噪声很低。执行不同功能的地区对环境的影响程度不一样，要求它们达到同一环境质量标准的难度也不一样。不同的功能区对环境质量的要求也不一样。因此，考虑到环境污染对人体的危害及环境投资效益两方面的因素，在确定环境规划目标前常常要先对研究区域进行功能区的划分，然后根据各功能区的性质分别制定各自的环境目标。这种依据社会经济发展需要和区域环境结构、环境状况，对区域执行的功能进行合理划分的方法，叫环境功能区划方法。

环境功能区划的作用：可以为合理布局提供基础，对未建成区、新开发区和新兴城市的未来环境有决定性影响；可以为污染控制标准提供依据。

5.环境规划目标

环境规划目标是环境规划的核心，是在一定的条件下，决策者对规划对象（如城市或工业区）未来某一阶段环境质量状况的发展方向和发展水平所作的规定。

确定恰当的环境目标，即明确所要解决的问题及所达到的程度，是制定环境规划的关键。目标太高，环境保护投资多，超过经济负担能力，则环境目标无法实现；目标太低，不能满足人们对环境质量的要求或造成严重的环境问题。因此，在制定环境规划时，确定恰当的环境保护目标是十分重要的。

环境目标一般分为总目标、单项目标、环境指标三个层次。总目标是指区域环境质量所要达到的总的要求或状况；单项目标是依据规划区环境要素和环境特征以及不同环境功能所确定的具体环境目标；环境指标是体现环境目标的指标体系。

6.环境规划方案的设计

环境规划方案的设计是环境规划的工作中心与重点。它是根据国家或地区有关政策和规定、环境问题和环境目标、污染状况和污染物削减量、投资能力和效益等，提出具体的综合防治方案，主要内容如下：

（1）拟定环境规划草案。根据环境目标及环境评价预测结果的分析，结合区域可能的资金、技术支持和管理能力的实际情况，为实现规划目标拟定出切实可行的规划方案。可以从各种角度出发拟定若干种满足环境规划目标的规划草案，以备择优。

（2）优选环境规划草案。环境规划工作人员，在对各种草案进行系统分析和专家论证的基础上，筛选出最佳环境规划草案。环境规划方案的选择是对各种方案权衡利弊，选择环境、经济和社会综合效益高的方案。

（3）形成环境规划方案。根据实现环境规划目标和完成规划任务的要求，对选出的环境规划草案进行修正、补充和调整，形成最后的环境规划方案。

7.环境规划方案的申报与审批

环境规划方案的申报与审批，是整个环境规划编制过程中的重要环节，是把规划方案变成实施方案的基本途径，也是环境管理中一项重要的工作制度。环境规划方案必须按照一定的程序上报各级决策机关，等待审核批准。

8.环境规划方案的实施

环境规划的实施要比编制环境规划复杂、重要和困难得多。环境规划按照法定程序审批下达后，在环境保护部门的监督管理下，各级政府和有关部门，应根据规划中对本单位提出的任务要求，组织各方面的力量，促使规划付诸实施。

实施环境规划的具体要求和措施，归纳起来包括：①要把环境规划纳入国民经济和社会发展计划中；②落实环境保护的资金渠道，提高经济效益；③编制环境保护年度计划，以环境规划为依据，把规划中所确定的环境保护任务、目标进行层层分解、落实，使之成为可实施的年度计划；④实行环境保护的目标管理，即把环境规划目标与政府和企业领导人的责任制紧密结合起来；⑤环境规划应定期进行检查和总结。

第三节　环境的可持续发展

环境与发展，是当今国际社会普遍关注的全球性问题。人类经过漫长的奋斗历程，特别是产业革命以来，在改造自然和发展经济方面取得了辉煌的成就。但与此同时，人类赖以生存的环境为此付出了惨重的代价。人类社会生产力和生活水平的提高，在很大程度上都是建立在环境质量恶化的基础上。通过高消耗追求经济增长和"先污染后治理"的传统发展模式已不再适应当今和未来发展的需要，人类必须努力寻找一条人口、经济、社会、环境和资源相互协调的可持续发展道路。

一、可持续发展理论的特征与原则

可持续发展是既满足当代人的需要，又不对后代人满足其需要的能力构成危害的发展。这个定义包含三个重要内容：①"需求"，要满足人类的发展需求，可持续发展应特别优先考虑世界上穷人的需求；②"限制"，发展不能损害自然界支持当代人和后代人的生存能力，其思想实质是尽快发展经济满足人类日益增长的基本需要，但经济发展不应超出环境的容许极限，经济与环境协调发展，保证经济、社会能够持续发展；③"平等"，指各代之间的平等以及当代不同地区、不同国家和不同人群之间的平等。

（一）可持续发展理论的基本特征

可持续发展的三个基本特征是生态持续、经济持续和社会持续。它们彼此互相联系、相互制约且不可分割。

1.生态持续

生态持续是基础。"近年来，随着社会经济的不断发展，大众的环境保护意识越来越强，而生态环境的可持续发展对人们生活质量的提升具有重要意义。"换言之，可持续发展要求经济建设和社会发展要与环境承载能力相协调，发展的同时必须保护和改善地球生态环境，保证以可持续的方式使用自然资源和环境成本，使人类的发展控制在地球可承载的范围之内，尽可能地减少对环境的损害，使人与自然和谐相处。面对未来发展的重重压力，把"生态良好"纳入文明发展道路之中，既体现了当代人的切身利益，又关乎子孙后代的长远利益。因此，我们要树立生态文明理念，大力倡导绿色消费，注重人与自然和谐相处，把资源承载能力、生态环境容量作为经济活动的重要条件，引导公众自觉选择节能环保、低碳排放的消费模式，进一步加强环境保护。生态系统为人类福祉和经济活动提供必需的资源和服务，保护环境是保护健康、维护生态平衡的迫切需要，同时也具有重要的经济意义。

环境承载力（环境承受力或环境忍耐力）指在某一时期、某种环境状态下，某一区域环境对人类社会、经济活动的支持能力的限度。通常，人们用环境承载力作为衡量人类社会经济与环境协调程度的标尺。

2.经济持续

经济持续是条件。经济发展是国家实力和社会财富的基础，因此，可持续发展鼓励经济增长，而不是以环境保护为名取消经济增长。可持续发展不仅重视经济增长的数量，更追求经济发展的质量。衡量一个国家的经济是否成功，不仅要以它的国内生产总值为标准，还需要计算产生这些财富的同时所消耗的全部自然资源的成本和由此产生的对环境恶化造成的损失及环境破坏承担的风险，这样的加减价值综合之后才是保证经济发展质量之下真正的经济增长。

由此看来，寻求一种循环经济发展模式和集约型的经济增长方式是非常必要的。这就要求人们要改变传统的以"高投入、高消耗、高污染"为特征的生产模式和消费模式，而走一条科技含量高、经济效益好、资源消耗低、环境污染少、人力资源优势得到充分发挥的新型工业化道路。一方面，要研究、开发和推广新能源、新材料，广泛采用符合域情的污染治理技术和生态破坏修复技术，全力推行清洁生产；另一方面，要大力发展先进生产力。实行经济结构的战略性调整，淘汰落后的工艺设备，关闭、取缔污染严重的企业；变传统工业"资源—生产—污染排放"的发展方式为"资源—生产—再生资源"的循环发展方式，实施绿色技术和清洁生产，提倡绿色消费，以改善质量、提高经济活动中的效益、节约资源和消减废物。

3.社会持续

社会持续是共同追求。可持续发展并非要人类回到原始社会，尽管那时候的人类对环境的损害是最小的。发展的本质和最终追求都是改善人类生活质量，提高人类健康水平，创造一个保障人们平等、自由、教育、人权和免受暴力的社会环境。

经济增长是为了满足人的全面发展的需要（包括人的生理、心理、文化、交往等的需要）所服务的。我们不能为了满足物质方面的需要而损害其他方面的需要，不能为了GDP的增长而损害环境和健康，削弱社会全面发展和可持续发展的能力。

总而言之，可持续发展要求在发展中积极解决环境问题，既要推进人类发展，又要促进自然和谐，只有真正懂得环境与发展的关系，保持经济、资源、环境的协调，可持续发展才有可能成为现实。

（二）可持续发展理论的基本原则

1.公平性原则

所谓公平是指机会选择的平等性。可持续发展的公平性原则包括两个方面：一方面，同代人之间的公平，即代内之间的横向公平；另一方面，代际之间的公平，即世代之间的纵向公平。可持续发展要满足当代所有人的基本需求，给他们机会以满足他们要求过美好生活的愿望。可持续发展不仅要实现当代人之间的公平，而且也要实现当代人与未来各代人之间的公平，因为人类赖以生存与发展的自然资源是有限的。

从理论上讲，未来各代人应与当代人有同样的权力来提出他们对资源与环境的需求。可持续发展要求当代人在考虑自己的需求与消费的同时，也要对未来各代人的需求与消费负起历史的责任。因为同后代人相比，当代人在资源开发和利用方面处于一种无竞争的主宰地位。各代人之间的公平要求任何一代都不能处于支配的地位，即各代人都应有同样选择的机会空间。

2.持续性原则

持续性是指生态系统受到某种干扰时能保持其生产力的能力。资源和环境是人类生存与发展的基础和条件，资源的持续利用和生态系统的可持续性是保持人类社会可持续发展的首要条件。这就要求人们根据可持续性的条件调整自己的生活方式，在生态可能的范围内确定自己的消耗标准，要合理开发、合理利用自然资源，使再生性资源能保持其再生能力，非再生性资源不致过度消耗并能得到替代资源的补充，环境自净能力能得以维持。可持续发展的可持续性原则从某一个侧面反映了可持续发展的公平性原则。

3.共同性原则

可持续发展关系到全球的发展。要实现可持续发展的总目标，必须争取全球共同的配合行动，这是由地球整体性和人类相互依存性所决定的。因此，致力于达成既尊重各方的利益，又保护全球环境与发展体系的国际协定至关重要。实现可持续发展就是人类要共同促进自身之间、自身与自然之间的协调，这是人类共同的道义和责任。

二、可持续发展战略的实施途径

（一）清洁生产

清洁生产是一种新的创造性思想。该思想从生态经济系统的整体性出发，将整体预防的环境战略应用于生产过程、产品和服务中，以提高物料和能源利用率、降低对能源的过度使用、减少人类和环境自身的风险。这与可持续发展的基本要求、能源的永久利用和环境容量的持续承载能力是相符的，这也是实现资源环境和经济发展双赢的有效途径。

1.清洁生产的发展目标

清洁生产是一个相对的概念，所谓清洁生产技术和工艺、清洁产品、清洁能源都是同现有技术工艺、产品和能源比较而言的。因此，推行清洁生产是一个不断持续的过程，随着社会经济的发展和科学技术的进步，需要适时地提出更新的目标，达到更高的水平。

清洁生产可以概括为以下三个目标：

（1）自然资源的合理利用。要求投入最少的原材料和能源产出尽可能多的产品，提供尽可能多的服务。包括最大限度节约能源和原材料，利用可再生能源或者清洁能源，利用无毒无害原材料，减少使用稀有原材料，循环利用物料等措施。

（2）经济效益最大化。通过节约资源、降低损耗、提高生产效益和产品质量，达到降低生产成本、提高企业的竞争力的目的。

（3）对人类健康和环境的危害最小化。通过最大限度地减少有毒有害物料的使用，采用无废或者少废技术和工艺，减少生产过程中的各种危险因素，废物的回收和循环利用，采用可降解材料生产产品和包装，合理包装以及改善产品功能等措施，实现对人类健康和环境的危害最小化。

2.清洁生产的基本内容

清洁生产，主要包括以下三个方面的内容：

（1）清洁的能源。常规能源的清洁利用，如采用洁净煤技术，逐步提高液体燃料、天然气的使用比例；可再生能源的利用，如水力资源的充分开发和利用；新能源的开发，如太阳能、生物质能、风能、潮汐能、地热能的开发和利用；各种节能技术和措施等，如在能耗大的化工行业采用热电联产技术，提高能源利用率。

（2）清洁的生产过程。尽量少用、不用有毒有害的原料，这就需要在工艺设计中充分考虑；无毒无害的中间产品；减少或消除生产过程的各种危险性因素，如高温、高压、低温、低压、易燃、易爆、强噪声、强震动等；少废、无废的工艺；高效的设备；物料的再循环（厂内、厂外）；简便、可靠的操作和控制；完善的管理；等等。

（3）清洁的产品。节约原料和能源，少用昂贵和稀缺的原料，利用二次资源作原料；产品在使用过程中以及使用后不含危害人体健康和生态环境的因素；易于回收、复用和再生；合理包装；合理的使用功能（以及具有节能、节水、降低噪声的功能）和合理的使用寿命，产品报废后易处理、易降解；等等。

3.清洁生产的全过程控制

推行清洁生产在于实现两个全过程控制：①在宏观层次上组织工业生产的全过程控制，包括资源和地域的评价、规划、组织、实施、运营管理和效益评价等环节；②在微观层次上物料转化生产全过程控制，包括原料的采集、储运、预处理、加工、成型、包装、产品和储存等环节。

4.清洁生产的实施途径

（1）资源的综合利用。资源的综合利用是推行清洁生产的首要方向。如果原料中的所有组分通过工业加工过程的转化都能变成产品，这就实现了清洁生产的主要目标。这里所说的综合利用，有别于所谓的"三废"的综合利用。这里是指并未转化为废料的物料，通过综合利用，就可以消除废料的产生。资源的综合利用也包括资源节约利用的含义，物尽其用意味着没有浪费。资源综合利用，不但可增加产品的生产，同时也可减少原料费用。降低工业污染及其处置费用，提高工业生产的经济效益，是全过程控制的关键。

（2）改革工艺和设备。改革工艺技术是预防废物产生的最有效的方法之一。通过工艺改革可以预防废物产生，增加产品产量和效率，提高产品质量，减少原材料和能源消耗。但是工艺技术改革通常比强化内部管理需要投入更多的人力和资金，因而实施起来时间较长，通常只有加强内部管理之后才进行研究。

（3）组织厂内的物料循环。物料再循环作为宏观仿生的一个重要内容，可以在不同的层次上进行，如工序、流程、车间、企业乃至地区，考虑再循环的范围越大，则实现的机会越多。在厂内物料再循环中，应特别强调生产过程中气和水的再循环，以减少废气和废水的排放。

（4）加强管理。在企业管理中要突出清洁生产的目标，从着重于末端处理向全过程控制倾斜，使环境管理落实到企业中的各个层次，分解到生产过程的各个环节，贯穿于企业的全部经济活动之中，与企业的计划管理、生产管理、财务管理、建设管理等专业管理紧密结合起来。

（5）改革产品体系。在当前科学技术迅猛发展的形势下，产品的更新换代速度越来越快，新产品不断问世。工业污染不但发生在生产产品的过程中，也发生在产品的使用过程中。有些产品使用后废弃、分散在环境之中，也会造成始料未及的危害。《中华人民共和国清洁生产促进法》中对产品和包装物的设计要求应当考虑其在生命周期中对人类健康和环境的影响，优先选择无毒、无害、易于降解或者便于回收利用的方案，而建筑工程应当采用节能、节水等有利于环境与资源保护的建筑设计方案、建筑和装修材料、建筑构配件及设备。

（6）必要的末端处理。清洁生产本身是一个相对的概念。在目前的技术水平和经济发展水平条件下，实现完全彻底的无废生产，还是比较罕见的，废料的产生和排放有时还难以避免。因此，还需要对它们进行必要的处理和处置，使其对环境危害降至最低。

清洁生产是环境保护的一部分，末端治理也是环境保护的一部分。清洁生产是针对末端治理而提出的，两者在环境保护的思路上各具特色。在现阶段，在环境保护的过程中它们相辅相成，互为弥补，各自发挥着自己的作用，从而共同达到环境保护的目的。

（二）循环经济

循环经济是在经济和环境法制发达国家出现的一种新型经济发展模式，这一模式在这些国家已经取得了巨大的成效，并已成为国际社会推行可持续发展战略的一种有效模式。

循环经济是可持续发展的新经济发展模式，是与传统经济活动的"资源消费—产品—废物排放"开放型（或称为单程型）物质流动模式相对应的"资源消费—产品—再生资源"闭环型物质流动模式。它是以资源利用最大化和污染排放最小化为主线，将清洁生产、资源综合利用、生态设计和可持续消费等融为一体的循环经济战略，本质上是一种生态经济。循环经济的根本之源就是保护日益稀缺的环境资源，提高环境资源的配置效率。

循环经济倡导在物质不断循环利用的基础上发展经济，是符合可持续发展战略的一种全新发展模式。其主要原则是：减少资源利用量及废物排放量（Reduce），大力实施物料的循环利用（Recycle），以及努力回收利用废弃物（Reuse）。这就是著名的"3R"法则，也是循环经济最重要的实际操作原则。

1.循环经济的重点环节

当前和今后一个时期，我国发展循环经济应重点抓好以下五个环节：

（1）在资源开采环节，要大力提高资源综合开发和回收利用率。对矿产资源开发要统筹规划，加强共生、伴生矿产资源的综合开发和利用，实现综合勘查、综合开发、综合利用；加强资源开采管理，健全资源勘查开发准入条件，改进资源开发利用方式，实现资源的保护性开发；积极推进矿产资源深加工技术的研究，提高产品附加值，实现矿业的优化与升级；开发并完善符合我国矿产资源特点的采、选、冶工艺，提高回采率和综合回收率，降低采矿贫化率，延长矿山寿命；大力推进尾矿、废矿的综合利用。

（2）在资源消费环节，要大力提高资源利用效率。加强对钢铁、有色、电力、煤炭、石化、化工、建材、纺织、轻工等重点行业的能源、原材料、水等资源消耗管理，实现能量的梯级利用、资源的高效利用，努力提高资源的产出效益；电动机、汽车、计算机、家电等机械制造企业，要从产品设计入手，优先采用资源利用率高、污染物产生量少以及有利于产品废弃后回收利用的技术和工艺，尽量采用小型或重量轻、可再生的零部件或材料，提高设备制造技术水平；包装行业要大力压缩无实用性材料消耗。

（3）在废弃物产生环节，要大力开展资源综合利用。加强对钢铁、有色、电力、煤炭、石化、建材、造纸、酿造、印染、皮革等废弃物产生量大、污染重的重点行业的管理，提高废渣、废水、废气的综合利用率；综合利用各种建筑废弃物及秸秆、畜禽粪便等农业废弃物，积极发展生物质能源，推广沼气工程，大力发展生态农业；推动不同行业通过产业链的延伸和耦合，实现废弃物的循环利用；加快城市生活污水再生利用设施建设和垃圾资源化利用；充分发挥建材、钢铁等行业废弃物消纳功能，降低废弃物最终处置量。

（4）在再生资源产生环节，要大力回收和循环利用各种废旧资源。积极推进废钢铁、废有色金属、废纸、废塑料、废旧轮胎、废旧家电及电子产品、废旧纺织品、废旧机电产品、包装废弃物等的回收和循环利用；支持汽车发动机等废旧机电产品再制造；建立垃圾分类收集和分选系统，不断完善再生资源回收、加工、利用体系；在严格控制"洋垃圾"和其他有毒有害废物进口的前提下，充分利用两个市场、两种资源，积极发展资源再生产业的国际贸易。

（5）在社会消费环节，要大力提倡绿色消费。树立可持续的消费观，提倡健康文明、有利于节约资源和保护环境的生活方式与消费方式；鼓励使用绿色产品，如能效标识产品、节能节水认证产品和环境标志产品等；抵制过度包装等浪费资源行为；政府机构要发挥带头作用；把节能、节水、节材、节粮、垃圾分类回收、减少一次性用品的使用逐步变成每个公民的自觉行动。

2.循环经济的实施途径

当前我国加快发展循环经济的主要实施途径如下：

（1）发展循环经济，要坚持以科学发展观为指导，以优化资源利用方式为核心，以提高资源生产率和降低废弃物排放为目标，以技术创新和制度创新为动力，采取切实有效的措施，动员各方面的力量，积极加以推进。

（2）把发展循环经济作为编制国家发展规划的重要指导原则，用循环经济理念指导编制各类规划。加强对发展循环经济的专题研究，加快节能、节水、资源综合利用、再生资源回收利用等循环经济发展重点领域专项规划的编制工作。建立科学的循环经济评价指标体系，研究提出国家发展循环经济战略目标及分阶段推进计划。

（3）加快发展低能耗、低排放的第三产业和高技术产业，用高新技术和先进适用技术改造传统产业，淘汰落后工艺、技术和设备。严格限制高能耗、高耗水、高污染和浪费资源的产业以及开发区的盲目发展。用循环经济理念指导区域发展、产业转型和老工业基地改造，促进区域产业布局合理调整。开发区要按循环经济模式规划、建设和改造，充分发挥产业集聚和工业生态效应，围绕核心资源发展相关产业，形成资源循环利用的产业链。

（4）研究建立完善的循环经济法规体系，当前要抓紧制定相关发展循环经济的专项法规。完善财税政策，加大对循环经济发展的支持力度；继续深化企业改革，研究制定有利于企业建立符合循环经济要求的生态工业网络的经济政策。

（5）组织开发和示范有普遍推广意义的资源节约和替代技术、能量梯级利用技术、延长产业链和相关产业链技术、"零排放"技术、有毒有害原材料替代技术、回收处理技术、绿色再制造等技术，努力突破制约循环经济发展的技术瓶颈。在重点行业、重点领域、工业园区和城市继续开展循环经济试点工作。

（三）低碳经济

所谓低碳经济是指在可持续发展思想指导下，通过技术创新、制度创新、产业转型、新能源开发等多种手段，尽可能地减少煤炭、石油等高碳能源消耗，不断提高碳利用率和可再生能源比重，减少温室气体排放，逐步使经济发展摆脱对化石能源的依赖，最终实现经济社会发展与生态环境保护双赢的一种经济发展形态。

1.低碳经济的发展目标

发展"低碳经济"，实质是通过技术创新和制度安排来提高能源效率并逐步摆脱对化石燃料的依赖，最终实现以更少的能源消耗和温室气体排放支持经济社会可持续发展的目的。通过制定和实施工业生产、建筑和交通等领域的产品和服务的能效标准和相关政策措施，通过一系列制度框架和激励机制促进能源形式、能源来源、运输渠道的多元化，尤其是对替代能源和可再生能源等清洁能源的开发利用，实现低能源消耗、低碳排放以及促进经济产业发展的目标。

（1）保障能源安全。当前，全球油气资源不断趋紧，保障能源安全压力逐渐增大。在全球油气资源地理分布相对集中的大前提下，受到国际局势变化和重要地区政局动荡等地缘政治因素的影响，国际能源市场的不稳定因素不断增加，油气供给中断和价格波动的风险显著上升。此外，西方发达国家还利用政治外交和经济金融措施对石油市场的投资、生产、储运和定价进行控制，构建符合其自身利益的全球政治经济格局。所有这些因素导致全球油气供应的保障程度及其未来市场预期都有所降低，推动油气价格剧烈波动。

低碳发展模式就是在上述能源背景下发展起来的社会经济发展战略，以减少对传统化石燃料的依赖，从而保障能源安全。目前，世界各国经济社会多受到油气供应中断风险增加和当前油气价格剧烈波动的影响，主要发达国家对于国际能源市场的高度依赖更是面临着保障能源安全的挑战，低碳发展模式就是调整与能源有关的国家战略和政策措施的重要手段。

（2）应对气候变化。气候变化问题对能源体系的发展提出了更加深远的挑战，气候变化问题是有史以来全球人类面临的最大的"市场失灵"问题，扭曲的价格信号和制度安排导致了全球环境容量不合理的配置和利用，并最终形成了社会经济中大量社会效率低下且不可持续的生产和消费。低碳发展模式是在全球环境容量瓶颈凸显以及应对气候变化的国际机制不断发展的背景下发展起来的，是应对气候变化的必然选择。当前，全球各国都共同面临着减少化石燃料依赖并降低温室气体排放和稳定其大气中浓度的挑战，发达国家和发展中国家在未来将承担"共同但有区别的"温室气体减排责任，而低碳发展模式能够实现经济社会发展和保护全球环境的双重目标。

（3）促进经济发展。发展低碳经济，目的在于寻求实现经济社会发展和应对气候变化的协调统一。低碳并不意味着贫困，贫困不是低碳经济的目标，低碳经济是要保证低碳条件下的高增长。通过国际国内层面合理的制度构建，规制市场经济下技术和产业的发展动向，从而实现整个社会经济的低碳转型。发展低碳经济，不仅有助于实现应对气候变化的全球重大战略目标，并且也能够为整个社会经济带来新的增长点，同时还能创造新的就业岗位和提高国家的经济竞争力。

2.低碳经济的实施途径

发展低碳经济，需要在能源效率、能源体系低碳化、吸碳与碳汇及经济发展模式和社会价值观念等领域开展工作。通过发展低碳经济，采取业已或者即将商业化的低碳经济技术，大规模发展低碳产业并推动社会低碳转型，能够控制温室气体排放，关键是成本问题及如何分摊这些成本。

（1）提高能效和减少能耗。低碳发展模式要求提高能源开发、生产、运输、转换和利用过程中的效率并减少能源消耗。面对各种因素所导致的能源供应趋紧，整个社会迫切需要在既定的能源供应条件下支持国民经济更好更快地发展，或者说在保障一定的经济发展速度的同时，减少对能源的需求并进而减少对能源结构中仍占主导地位的化石燃料的依赖。提高能源效率和节约能源涵盖了整个社会经济的方方面面，尤其作为重点用能部门的工业、建筑和交通部门更是迫切需要提高能效的领域，通过改善燃油的经济性、减少对小汽车的过度依赖、提高建筑能效和提高电厂能效等措施，能够实现节能增效的低碳发展目标。

发展低碳经济，制定并实施一系列相互协调并互为补充的政策措施，包括实行温室气体排放贸易体系，推广能源效率承诺，制定有关能源服务、建筑和交通方面的法规并发布相应的指南和信息，颁布税收和补贴等经济激励措施。这些政策措施的目的在于通过合理的制度框架，引导和发挥市场经济的效率与活力，从而以长期稳定的调控信号和较低的成本引导重点用能部门向低能耗和高能效的方向转型。

（2）发展低碳能源并减少排放。能源保障是社会经济发展必不可少的重要支撑，低碳发展模式则是要降低能源中的碳含量及其开发利用产生的碳排放，从而实现全球大气环境中温室气体环境容量的高效合理利用。实现经济社会发展的"低碳化"，是为了在合理的制度安排之下推动碳排放所产生的环境负外部性内部化，从而实现从低效率的"高碳排放"转向大气环境容量得以优化配置和利用的"低碳经济"。通过恰当的政策法规和激励机制，推动低碳能源技术的发展以及相关产业的规模化，能够将其减缓气候变化的环境正外部性内部化，使得发展低碳经济更加具有竞争力。

（3）发展吸碳经济并增加碳汇。低碳发展模式还意味着调整和改善全球大气环境的碳循环，通过发展吸碳经济并且增加自然碳汇，从而抵消或中和短期内无法避免的化石能源燃烧所排放的温室气体，最终有利于实现稳定大气中温室气体浓度的目标。减少毁林排放和增加植树造林，不仅是改变人类长期以来对森林、土地、林业产品、生物多样性等资源过度索取的状态，而且也是改善人与自然的关系、主动减缓人类活动对自然生态影响以及打造生态文明的重要手段。

与自然碳汇相关的林业和土地资源对于不同发展阶段的国家具有不同的开发利用价值，尤其是当前在保障粮食安全、缓解贫困、发展可持续生计等方面具有重大的意义。应对气候变化国际体制在避免毁林等方面的发展，就是将相关资源在自然碳汇方面的价值转化成为具体的经济效益，与其在其他领域所具有的价值进行综合的权衡，从而引导各国的经济社会发展路径朝低碳方向转型。通过植树造林增加自然碳汇降低大气中的温室气体浓度，通过控制热带雨林焚毁减少向大气中排放温室气体，以及通过对农业土地进行保护性耕作从而防止土壤中的碳流失，对于全球各国尤其是众多发展中国家都具有重要意义。

（4）推行低碳价值理念。低碳发展模式还要求改变整个经济社会的发展理念和价值观念，引导实现全面的低碳转型。发展低碳经济就是在应对气候变化的背景之下从社会经济增长和人类发展的角度，对合理的生产消费模式做出重大变革。

发展低碳经济要求经济社会的发展理念从单纯依赖资源和环境的外延型粗放型增长，转向更多依赖技术创新、制度构建和人力资本投入的科学发展理念。传统的基于化石燃料所提供的高污染高强度能源支撑起来的工业化和城市化进程，必须从未来能源供需、相应资源环境成本的内部化等方面进行制度和技术创新。发展低碳经济还要求全社会建立更加可持续的价值观念，不能因对资源和环境过度索取而使其遭受严重破坏，要建立符合我国环境资源特征和经济发展水平的价值观念和生活方式。人类依赖大量消耗能源、大量排放温室气体所支撑下的所谓现代化的体面生活必须尽早尽快调整，这将是对当前人类的过度消费、超前消费和奢侈消费等消费观念的重大转变，进而转向可持续的社会价值观念。

第四章　生态文明与生态文明教育

· · · · · · · · · · · ·

第一节　生态文明与环境教育概述

一、生态文明

人类自诞生以来，就从未停止过对两种关系的思考：人与人的关系以及人与自然的关系。从人与自然关系的认知演变规律可以看出，早期人类遵循崇拜、顺应自然的观念，后来人类逐渐把自身地位提升到万物构成的金字塔的顶端。在人类中心主义思想的支配下，人们战胜自然、征服自然的热情高涨，开始挥霍自然资源，以满足经济活动的需要。如今面对自然环境的不断变化，人类开始反思和重新审视人与自然的关系，意在减少对自然环境的威胁，稳定生态安全。因此，生态文明理念是人与自然关系认知的升华，也是生态系统安全的保障。为此，若要深入研究生态文明，必须准确界定人类文明及其本质属性。

（一）生态文明的内涵

人类文明在走过了采猎文明、游牧文明、农业文明、工业文明之后，正在迈向一个崭新的文明时代。人类文明是在生物圈的基础上产生的，人作为地球生命的高级形式，很自然地成为自然界的独特部分，人类社会也成了自然界发展的延续。人类和其他生物相同的是，都生活在地球生物圈中，都依赖自然界，区别只是依赖方式不同。人的方式是通过实践建立起同自然的改造和被改造关系，建立起人类文明。人不仅生活在自然界中，也生活在自己创造的文明中，人类所创造的文明是人类所处的生态系统的重要组成部分。"作为人类文明的一种高级形态，生态文明以把握自然规律、尊重和维护自然为前提，以人与自然、人与人、人与社会和谐共生为宗旨，以资源环境承载力为基础，以建立可持续的产业结构、生产方式、消费模式以及增强可持续发展能力为着眼点。"

关于文明的概念，可以从广义和狭义两方面来理解。

从广义上讲，文明是人类在征服、改造自然与社会环境过程中所获得的精神、制度和物质的所有产物。与野蛮相对应，文明是指人类社会的进步和开化状态，它反映了人类战胜野蛮的过程，也反映了人类社会的进步历程，它包括的内容和范围极其广泛。

从狭义上讲，文明偏重文化含义，英文使用"culture"一词，指国家或群体的风俗、信仰、艺术、生活方式及社会组织。从文化特性来看，任何一种文明的存在与其特定模式的构成，都是它所处的自然环境与社会环境互相"选择"的结果。因为区域社会生态系统不同，地理、气候的多样性加上生物的多样性，必然会带来多样性的文明。

概括文明形态的坐标尺应是生产方式，既包括生产力内容，也包括生产关系内容，还包括由此决定的社会结构和上层建筑等各种社会现象。文明的发展水平标志着人类社会生存方式的发展变化。事实上，任何一种社会发展，其最终指向都在于追求人类社会的更高级的生存方式，实现更高层次的文明状态。

从人类利用自然、改造自然的方式即生产方式来看，虽然世界不同地区的文化多姿多彩，文明发展进程有先有后，每个发展阶段有长有短，发展程度也各不相同，导致了文明的多样性和复杂性，但是世界文明发展的共同性是十分明显的，有共同规律可循。如果以生产方式为核心来划分人类文明形态的发展历程，则可划分为史前文明、农业文明、工业文明、生态文明，史前文明、农业文明、工业文明是人类历史已经经历或正在经历的文明形态，生态文明将是工业文明之后新的人类文明形态。生态文明与工业文明是不同文明进化阶段或人类发展模式，其能动主体、理性基础、动力逻辑、利益关照、生产方式和社会形态明显不同。

20世纪70年代至80年代以来，西方工业文明在达到其最高成就的同时，也带来了资源枯竭、生态环境恶化等问题，使人类面临发展困境。一些社会学家、未来学家预感到传统工业时代的结束，用不同概念来表述西方社会正在进入的时代，如"后资本主义"社会、"后文明"时代、"后工业社会"等。在工业文明走到尽头之日，人类文明将向何处发展已经成为有远见的未来学家、社会学家、哲学家、历史学家、科学家共同关心的问题。

与此同时，社会各界对工业活动所造成的环境损害越来越关注。1972年，联合国在斯德哥尔摩召开了有史以来第一次"人类环境会议"，讨论并通过了著名的《人类环境宣言》，向全世界明确宣布，保护和改善人类环境是关系到全世界各国人民的幸福和经济发展的重要问题，也是全世界各国人民的迫切愿望和各国政府的责任。会议呼吁各国政府和人民为全体人民和他们的子孙后代的利益而做出共同的努力。20世纪80年代，人们开始对工业文明社会进行初步的反思，各国政府开始把生态保护作为一项重要的施政内容。1987年，联合国环境与发展委员会发布了研究报告《我们共同的未来》，对可持续发展作了理论表述，形成了人类建构生态文明的纲领性文件。1992年，在巴西里约热内卢召开的联合国环境与发展大会，提出了全球性的可持续发展战略，真正拉开了人类自觉改变生产和生活方式、建设生态文明的序幕。

文明的产生是自然环境与社会环境互相选择的结果，文明的发展是人类通过不断改变生产方式推动的，文明的发展同时也遵循着交相更迭的规律。通常，在每一种文明形态后期都因为出现人与自然的尖锐矛盾而迫使人类选择新的生产方式和生存方式，而每一次新的选择都能在一定时期内有效缓解人与自然的紧张对立，使人类得到更好的生存和发展。

人类的史前文明时代，在人类初始的漫长世纪中，人类完全是依靠从生态系统中取得天然生活资料维持生存，如采集野果和昆虫，用简单的石器等工具猎杀野兽。这种活动对大自然的影响，与强大的自然资源相比，则是微不足道的。在史前文明时代，人仅仅是自然生态系统中的普通成员、食物链中的一个普通环节。虽然原始人与生态系统中的其他生物及其环境也存在着矛盾，比如，由于火的发明和生产工具的改进，大大加强了采集、狩猎等活动的影响，这就有可能使某些动植物资源由于过度消耗，再生能力受到损害，甚至造成食物链环的缺损，但这种矛盾从根本上说，属于生态系统内部的矛盾，表现为一种自然生态过程。

传统农业的出现标志着人类历史从野蛮时代进入到农业文明时代。传统农业的出现，开启了人类对自然系统大规模的利用和改造，人与自然相互作用的方式发生了重要变化。与原始农业只将种子撒在地里任其自然生长不同，传统农业既种地又养地，人类开始利用农业技术，开发农业资源。虽然传统农业社会中人对自然依然处于被动地位，其技术结构和自然系统之间没有必然的冲突，但也不是什么问题都没有，最直接的问题是土地不合理使用造成土壤侵蚀和土地退化，社会承灾、抗灾能力低下，各种自然灾害肆虐等。据资料表明，玛雅文明的消失、中国黄土高原的退化都是因人口与土地的矛盾导致了人与自然的矛盾激化。

工业文明是以工业化的实现为前提条件的。18世纪中叶，蒸汽机的出现引起了工业生产的革命，这不仅是生产技术和生产力的革命，还是生产关系的一次重大变革。英国是工业革命的先驱，继英国之后，法国、德国、美国、俄国及后来的日本，都在19世纪里陆续发生了产业革命，先后进入了工业社会。这标志着人类文明形态开始由传统的农业文明走向了工业文明。工业文明的兴起，彻底改变了农业社会人与自然的相互作用方式，对人与自然关系的变化产生了根本性影响。这主要体现在三个方面：一是生产力的高度发展和人口的快速增长，使人类社会对生态系统的要求急剧增加，而具有强烈周期性变化规律的可再生能源和资源不能完全满足其要求；二是随着工业文明的发展和科学技术的进步，人类干预自然、将自然资源变换为自己所需要的物质资料的能力和手段也日新月异，大量合成出来的新物质改变了地球生态环境；三是在为满足经济增长而从生态系统获得大量物质能量的同时，工业生产过程中的剩余物也随着生产规模的不断扩大而成正比增加。这些工业剩余物绝大部分作为废弃物直接排入生态系统中，从而污染了生态环境。

工业文明推动了人类社会的高速发展，但其产生的负面效应也是巨大的，人类社会发展面临着人口爆炸、资源短缺、能源紧张、环境污染的困境，这是人与自然矛盾尖锐化的集中表现。这种异化现象的产生，深刻暴露出了以工业为主体的社会发展模式与人类的环境要求之间的矛盾，以一种后现代的方式将人与环境的关系问题尖锐地提交给了全人类，人类文明要想继续发展，就需要改变人对自然作用的生产方式，向寻求人与自然和谐的生态化方向发展。

从人类生产方式发展的历时性角度看，生态文明将是工业文明之后新的人类文明形态。它和以往的农业文明、工业文明既有连接之点，又有超越之处。生态文明和以往的农业文明、工业文明一样，都主张在改造自然的过程中发展社会生产力，不断提高人们的物质和文化生活水平；但它又与以往的工业文明和农业文明有所不同，生态文明是运用现代生态科学的理论和方法来应对工业文明所导致的人与自然关系的紧张局面，强调的是人与自然的和谐共生及建立在此基础上的人与人、人与社会关系的和谐。生态文明所追求的人与自然和谐不简单地等同于传统农业文明中由于生产力落后而形成的"天人合一"理念，它建立在工业文明所取得的深厚物质基础之上，依靠科学技术进步所带来的对自然规律及人与自然之间互动关系的深刻认识，自觉地实现人与自然的和谐共处。这种和谐共处不仅仅表现在物质生产方式上，对自然的索取和输出均在环境承载力之内，还表现为精神层面上人与自然的亲和。生态文明并不排除人类活动的工具性和技术性，但生态文明还要求，在不断创造文明成果的同时需要设定对于人的生存及自然环境的生态安全，同时，还要致力于对自然生态的人文关怀。

从文明的一般意义上讲，生态文明是人类在利用自然界的同时又主动保护自然界，积极改善和优化人与自然的关系，建设良好的生态环境而取得的物质成果、精神成果和制度成果的总和。从生态文明的特殊性看，它包括先进的生态伦理观念、发达的生态经济、完善的生态环境管理制度、基本的生态安全和良好的生态环境。

综上可以得出，生态文明的内涵包括以下方面：

第一，生态文明是一种积极、良性发展的文明形态。生态文明绝不是拒绝发展，更不是停滞或倒退，而是要更好地发展，充分利用自然生态系统的循环再生机制，提高人类适应自然、利用自然和修复自然的能力，实现人与自然和谐、健康的发展。

第二，生态文明是可持续发展的文明。这包括人类的可持续发展和自然的可持续发展，二者是相统一的。人类所有利用环境、开发资源的活动，都必须以环境可承载和可恢复、资源可接替为前提，必须兼顾后代人的利益，是一种可持续的开发利用。人类对自然的改造和干预既要考虑人类活动对自然的影响程度，更要考虑人类自身的可持续发展问题。因此，必须维护包括人类在内的整个自然生态系统的多样性稳定，只有在多样性稳定中才能实现可持续发展。

第三，生态文明应是一种科学的、自觉的文明形态。如果说原始文明、农业文明中包含着某些生态文明的元素，那只是自发的生态文明，而非自为的生态文明，未来的生态文明应是自觉的、自为的生态文明。对自觉的生态文明来讲，必须以科学技术的发展为基础，自觉地转变生产方式、生活方式。不仅要有哲学上的自觉，还必须有科学上的自觉，这就是自觉运用生态科学的协同统一性原理维护人与自然能量交换的大体平衡。

可以说，生态文明是人类文明螺旋式上升发展过程中的一个阶段，是对工业文明生产方式的否定之否定，生态文明并不是对工业文明的完全否定和遗弃，而是对工业文明的扬弃，是对以往的农业文明、现存的工业文明的优秀成果的继承和超越。建设生态文明需要依靠工业文明已有的物质基础和完善的市场机制，同时更要致力于利用生态系统自然生产的循环过程，实现人与自然的和谐，并通过生产方式的改变不断建设性地完善这种和谐机制。当人类文明进程发展到从价值观念到生产方式、从科学技术到文化教育、从制度管理到日常行为都在发生深刻变革的时候，就标志着文明形态开始发生转变。

（二）生态文明的内容

任何一种文明形态，都有与其相适应的物质文明、精神文明和政治文明等。因此，生态文明的内涵不仅仅是环境保护和生态建设，也应涵盖生态物质文明、生态制度文明和生态精神文明等方面。生态物质文明就是符合自然生态系统要求的物质器物，包括制造器物的科学技术和生产方式；生态制度文明是遵循生态学和社会学规律的社会制度，包括生态经济制度、政治制度以及风俗礼仪等；生态精神文明是遵循生态理性的精神理念，包括可持续的自然观、价值观和文明观等，体现生态文化的民族语言及体现生态精神的艺术成果。

1.生态物质文明

物质文明指人类通过先进的劳动生产方式，以自然资源为劳动对象，创造出自身所需要的物质产品，包括加工产品，以及生产所需产品的工具和手段，表现出物质生产方式和人类经济生活的进步，处于所有领域文明形态中的基础地位。

从工业文明走向生态文明，实现绿色发展是人类社会发展的必然趋势。在生态文明阶段，衡量生态物质文明水平的标准就是要符合生态学规律和生态系统的要求，以可持续发展理念为核心、生态经济理论为指导，按照循环经济和低碳经济的发展模式进行生产活动。工业时期的线性经济发展模式为"原料—产品—废料"，构成非循环的封闭系统，始于挖掘自然资源，终于污染生态环境。而生态文明时期的经济发展模式为"原料—产品—剩余物—产品……"，是一种非线性的循环开放系统，以仿生学和仿生态过程为基础，遵循生态系统的物质循环和能量流动原理。它始于挖掘自然资源，终于保护生态环境，其生产过程不会构成对环境的破坏，即生产第一种产品的剩余物将作为第二种产品的生产原料，若仍有剩余物，则成为第三种产品的生产原料，如此循环往复，直至形成不可避免的剩余物，也会以无毒的形式排放，被生态系统中的生物所吸收，称为"生态工艺"。

2.生态制度文明

生态制度文明也可以称为生态政治文明，是在继承现代制度文明中市场制度和民主法治的基本框架下，约束人与人、人与群体、人与社会的关系的同时，严格考虑生态系统要求的新型文明，可从以下三个层面来思考：

（1）社会公众层面，即个人层面。生态文明时期的新型市场机制，在一定程度上可以通过利益杠杆促使人们改变物质主义的消费观和价值观，激励人们产生对生态环境和自然美的偏好。久而久之，具有生态良知的人越来越多，对绿色产品的消费需求会逐渐增高。生态意识促进需求，需求影响供给。

（2）企业层面，现代工业文明时期企业的主要目标就是盈利，因此肆意破坏生态环境牟取利润的现象屡见不鲜。在生态文明中，必须制定与企业绿色生产责任相关的法律政策，以约束企业的生产行为。

（3）政府层面，过去政府忽略对生态环境的维护，把城市变成了高楼林立的"灰色空间"，绿色地带在一点一点"萎缩"。如此做法对城市发展无益。因此，必须改变传统政绩观念，倡导"绿色GDP"的生态意识，促进人与自然的和谐发展。

3.生态精神文明

"生态物质文明是生态文明社会必要的物质基础；生态精神文明则是生态文明社会理想的上层建筑。"物质产品的生产、社会制度的完善，均建立在人的思想观念之上。因此生态文明建设中的精神文明建设是主导。生态精神文明在满足基本物质需求的基础上，以生态学为依据，有效地影响社会群体，使其培养一种"生态理性"，即在物欲横流的社会保持一种清醒，改变物质主义的消费偏好和行为理念，认识到自然系统的良性发展对人类生存的重要性。

生态精神文明包括两个方面：科学文化和道德水平。科学文化方面包括教育、艺术、科学、文化、卫生等事业的生态观念转变，如生态文明的艺术应是多样化的，而非完全依赖商业化运作。道德水平方面包括社会的整体道德面貌、风俗民情和个体的理念情操等。就个体的生态意识而言，我们需要改变工业文明时期以人类为中心的自然观，确立生态责任意识、生态价值意识、生态科学意识。生态精神文明的建设并不是要求人们摒弃"经济人"的利益最大化倾向，而是通过生态意识的培养，使更多人具备生态良知，在道德水平上有所进步，从而改变他们的利益观。人们会意识到利益不仅仅包括物质财富，还有人际关系的和谐和生态系统的安全。之后他们在面临利益抉择时，就会自觉地维护"生态公正"，从而实现道德进步。

（三）生态文明的相关关系

从共时性角度来看，生态文明只是人类文明系统中的一个方面。一般来说，生态环境具有基础性、前提性的作用。生态文明以生产方式生态化为核心，将制约和影响未来的整个社会生活、政治生活和精神生活的过程。生态文明总是要通过其他文明来表现自身的原则和要求，因此，我们需要把生态文明与物质文明、精神文明、政治文明联系起来进行研究，了解其交叉渗透的相互作用，认识生态文明在现代人类文明系统中的基础性地位。

1.生态文明推动物质文明向生态经济的协调发展

物质文明是人类改造自然界的物质成果的总和，它表现为生产力的状况、生产规模、社会物质财富积累的程度、人们物质生活的改善等。物质文明在社会文明结构中处于最根本的地位，它通过发展生产力获得物质成果，直接而集中地体现着人与自然之间的关系。人对自然的关系应包括两个方面：一是人对自然的征服和改造；二是在征服和改造中达到人对自然的调节和改善，以期长久地利用自然，实现人类自身的可持续发展。前者突出了人与自然对立的一面，后者则强调人与自然寻求和谐统一的一面。两者是对立统一、互相交融的，这取决于人类与自然之间物质变换活动的两个特性：一方面，人类不是单纯消极地适应自然，而是能够认识和改造自然，这表明了人类活动的主动性和创造性；另一方面，人类在改造自然界为自己服务时，又不能违反客观自然规律，这表明人类活动具有受动性。

在人类文明体系中，自然生态环境系统构成了社会有机体的物质外壳，为社会系统的正常运行、为人的生存和发展提供了资源环境保障。因此，人类的物质生产系统完整地说实际上是生态经济系统。其中，生态系统是基础结构，经济系统是主体结构，技术系统是联结二者的中介环节。现代物质文明的发展离不开三者的统一和协调发展。作为经济系统主体的人必须以自然生态系统作为自己的生存环境。人们在经济系统中进行生产、分配、交换、消费所需要的物质资料，无一不是直接或间接地来源于生态系统。因此，生态系统是人类赖以生存和进行经济活动的自然物质基础。

为了追求物质文明的高速发展，人类通过各种经济活动和技术手段，不断地改变着自然生态的面貌，已造成自然生态系统的严重恶化。生态破坏、资源枯竭、能源危机已造成自然生产力下降，这将制约着物质文明的进一步发展，影响人类的物质生活质量。建设生态文明，从物质层面讲，就是转变高生产、高消费、高污染的工业化生产方式，以生态技术为基础实现社会物质生产的生态化，使人类生产劳动形成净化环境、节约和综合利用自然资源的新机制，其中发展循环经济成为生态文明与物质文明相统一的结合点。

英国环境经济学家戴维·皮尔斯首先提出"循环经济"。皮尔斯指出，如果重新考虑如何推动经济增长的话，那么对环境的压力是可以改变的。人们必须审计我们保护能源和原材料的方式（保证物质和能源的投入没有浪费），以及怎样利用技术来力求减少每单位经济活动所造成的环境压力。这类技术需要注重于污染源的减少，也就是说它们必须避免损失，节省生产同样数量的产品所用的能源与原材料，还要减少浪费性的使用（这就是所说的保护）。不管经济活动同环境影响之间的关联系数有多大，不让废物进入环境，就可以避免废物带来的损害。

皮尔斯主张在人、自然资源和科学技术的大系统内，在资源投入、企业生产、产品消费及其废弃物处理的全过程中，把传统的依赖资源消耗的经济增长方式，转变为依靠生态型资源循环来发展的经济方式。传统经济是由"资源—产品—污染排放"所构成的物质单向线性流动的开式式经济过程。循环经济是一种建立在物质不断循环利用基础上的经济发展模式，它要求经济活动按照自然生态系统的模式，组织成一个"资源—产品—资源再生"的反馈式循环过程，以期实现"最佳化的生产，最适度的消费，最少量的废弃"。建设生态文明要求从现代科学技术的整体性出发，以人类与生物圈的共存为价值取向发展生产力，建立生态化的经济体制，从而保证人类的世代延续和社会—经济—自然复合系统的持续发展。

2.生态文明拓宽精神文明的内容

精神文明是人类改造客观世界和主观世界的精神成果的总和。它表现为教育、科学、文化知识的发达和社会政治思想、道德风貌、社会风尚及民主发展水平的提高。生态文明从文化层面讲就是对自然的价值有明确的认识，人们在改造自然的活动中能够自觉地提高对自然的本质和规律的正确认识，生态文化、生态意识成为大众文化意识，生态道德成为民间道德并具有广泛的社会影响力。这些思想、文化和道德观念是对精神文明的补充和提升。

生态学的创立始于19世纪中期，发展至今已成为跨学科的知识领域，对科学、教育、文化的影响越来越广泛且深入。从20世纪中叶开始，生态分析的重要价值得到了越来越广泛的认识，生态学方法被应用于人和社会的研究中，从而获得了现代意义。生态文明对人们思维方式的变革、伦理道德观念的深刻变化和科学生活方式的形成等都具有重大影响，体现出巨大的精神文明价值，也对精神文明的内容进行了重新构建。

（1）生态文明使人类的价值取向发生了深刻变化，促使人类认真思考自然的内在价值对于人类的深刻意义。生态伦理学认为，以人为主体与作为客体的自然物所形成的价值关系，只是生态系统内价值关系中的一种形式，而不是唯一的价值关系，人的尺度不是生态系统价值评价的最终根据和唯一根据，相反，在某种意义上人要服从于自然的尺度。无论从自然尺度还是从人的尺度看，生物共同体的完整、稳定和有序都是人类和一切生命的共同利益之所在，因此需要确立和承认自然的内在价值，从而确立人对自然、对其他生命物种的责任和义务。正是通过对其他生命的尊重和爱护，人把自己对世界的自然关系提升为一种有教养的精神关系，从而赋予自己的存在以意义。

（2）生态文明促使道德规范从调整人与人之间的关系扩大的同时，也调整着人与自然的关系。所谓人类与自然的道德关系，包含着两个相互联结的方面，即自然对于人类的价值与意义和人类对于自然的权利与义务。人际道德和自然道德作为两种道德，其实并非彼此分离、独立，它们在实质上统一，在内容上渗透，在功能上互补，而根本上还是人际道德问题。为了保护生态环境，需要确立和制定人类与自然交往的道德原则和道德规范。这就是应当尊重、应当不破坏、应当保护与促进自然的多样性统一及其完整与稳定。它既指出了人类在改造自然的实践中能够做什么，又指出了人类在改造自然的实践中不能做什么。它标志着新时代人类的道德进步和道德完善，也标志着人类处理生态环境问题的一种新视角、新思路，极大地丰富了精神文明的内容，体现了精神文明的时代要求。

（3）生态文明提倡树立生态意识，建构以绿色消费为主要内容的科学的生活方式，推动了精神文明在各个领域的展开。生态意识作为人类思想的先进观念，产生于20世纪后半叶，它既是反映人与自然和谐发展的一种价值观念，也是面对环境污染、生态危机的一种自我保护意识。生态意识的产生来源于人们对以往人类活动违背生态规律带来严重不良后果的反思，来源于对现存严重生态危机的觉醒，来源于对人类可持续发展的关注以及对后代生存和保护地球的责任感，来源于对地球生态系统整体性的认识。

生态文明建设与精神文明建设具有一致性，都呼吁人类应改变高消费、高享受、高浪费的消费观念与生活方式，提倡一种既符合物质生产发展水平又符合生态环境水平、既能满足人的消费需求又不对生态环境造成危害的消费观念，突出强调良好的生态环境能够满足人的精神心理需要，使人达到精神完善和身体完善，在人与自然的和谐中得到全面发展。

3.生态文明扩大政治文明视野

政治文明指人类社会政治生活的进步状态和政治发展取得的成果，主要包括政治制度和政治观念两个层面的内容。当生态环境问题从自然向社会领域转移并危及人类的生存发展时就演变成了政治问题。建设生态文明虽然是针对工业社会人与自然的矛盾尖锐化提出的，但是解决人与自然的矛盾必须通过解决社会矛盾来实现。物与物的关系后面，从来是人与人的关系。因此，生态环境问题必须被提到政治的高度，进入国家和世界的政治结构。

在全球化背景下，政治与生态环境问题的关系更加紧密。随着市场经济体制在全球的扩张，各个资本家、垄断集团对资源展开自发的无序竞争，将进一步加剧环境利益分配不公，因此，大规模的生态环境问题既影响国际关系，也影响国内政治稳定。在国际上，围绕着对资源和能源尤其是稀缺性战略资源和能源而展开的争夺，将是国际纠纷的深层原因。在民族国家中，围绕着作为生产资料的自然财富的所有权、占有权、使用权而展开的争夺，使国家内部矛盾加剧。对我国来说，生态破坏与工业化、城市化、就业压力、资源短缺、贫富差距搅在一起相互作用、相互制约，累积成中国严峻的社会难题。这些都要求我国政府扩大政治视野，调整政治策略，用更加民主的方式解决生态环境问题带来的政治影响。

生态文明无论对政治制度还是政治观念都会产生积极影响。生态学认为，任何生物都有其存在的合理性，物种间不论强弱、大小、进化时间的长短，它们在生态系统中的地位是平等的。因此，在国际政治新秩序中各国也应遵循这一平等性原则，减少或消除强权政治，避免冲突。同时，还要求世界各国无论大小贫富，在符合国际公约的基础上，在开发、利用自然资源，获取本国应有的环境利益以满足社会需要方面享有平等的权利；也要求一国内部的人们在利用自然资源满足自己的利益的过程中遵循机会平等，责任共担，合理分配、补偿的原则，平等地享有环境权利，公平地履行环境义务。

一方面，生态文明建设已经成为政府的自觉行为，特别是国家参与环境管理，设置环境保护的国家机构，行使管理环境的国家职能，既推动了社会关系的调整和变化，也推动了政治文明的发展。近年来，世界上许多政党和政府都针对本国的实际情况，对有关生态环境问题进行了相应的立法并进一步完善了生态法规，以确保解决生态环境问题法治化，从而加快了政治制度文明发展的进程。

另一方面，生态环境问题的日益突出，也不自觉地促进了公众的政治参与，将对政府决策产生极为重要的影响，成为解决生态环境问题的有效途径之一。公众参与环境保护的程度是民主政治的一种反映，它将改变传统的"经济靠市场，环保靠政府"的消极观念。公众通过政治选举、投票及环保宣传等方式影响政府的决策，有助于实现对政府的监督，避免政府失灵，从而促进政府公共决策朝着更科学、民主的方向迈进。世界环保事业的最初推动力量就来自公众，没有公众的积极参与，就没有环境保护运动，方兴未艾的生态环境保护运动和环境非政府组织正在成为建设生态文明的政治力量，也推动着政治文明的发展。

综上所述，生态文明是针对工业文明所带来的人口、资源、环境与发展的困境，人类选择和确立的一种新的生存与发展道路，它是对工业文明的辩证否定和扬弃，意味着人类在处理与自然的关系方面达到了一个更高的文明程度。

21世纪，人类文明发展将进入生态化时代，生态化将全面渗透到物质文明、精神文明、政治文明之中，发展循环经济将引导物质文明的成长，人与自然的和谐将成为精神文明的重要内容，推动环境友好将成为政治文明的重要策略。自然生态与经济、政治、文化的互动共存与和谐发展，表明生态文明作为社会文明的一个方面在现代文明系统中具有基础性的地位。

二、环境教育

（一）生态环境与教育

1.生态环境的由来

"生态"一词源于古希腊语，意思是指住所或者房子，生态学最早是从研究生物个体开始产生的。简单来讲，生态学的主体是生物有机体，其含义是指生物有机体与周围外部世界的关系。然而，随着人类生存环境的恶化，生态的内涵已经扩展到人与周围环境的关系，进一步扩展到人与自然环境、人类环境的关系，再而扩展到人与环境中各种关系的总和。其主体既可以是生物有机体，又可以是人。

现代意义上的生态学已经进入到各个领域，"生态学"一词的覆盖范围越来越广。人们经常用"生态"来形容很多美好的事物，比如健康、和谐、美好的事物，都可以用生态来定义。

在现代意义上，生态学已经从"关系论"上升到"和谐论"。环境问题的解决，一方面强调人类与生物和非生物环境的和谐；另一方面，要求人类生存环境，即自然环境与人文层面社会环境、经济环境、政治环境、文化环境等的和谐，以及各子系统彼此之间的和谐。现代意义上的"生态"指的是社会环境、经济环境、政治环境、人文环境与自然环境的和谐，地球各部分生态环境的协调，自然环境与历史环境的和谐。

环境概念的产生是随着人类社会的发展而产生的。远古时代，人类依靠本能而生存。约200万年前，人类大脑有了原始思维，逻辑思维逐步发展。早期的古希腊哲学家已经把相对于自身的"环绕的物体或区域"分离开来进行审视与思考。到了苏格拉底时期，他通过"认识你自己"这个思维转向开始专门探讨个体人的问题，自此人成为西方人类思维的单一中心。在这种以人为主体，物为客体的对立中，人类理所当然地利用手中的利器——科学技术，主宰着自然。

人类的非辩证思维具有缺陷，对自我的二重性——人与物，不能很好把握，从而使自我呈现出不确定性，导致了人与物绝对的对立，也就是人与"环绕自身的物体或区域"即环境的对立。一方面，人与物绝对不同，人不但有心灵意识，而且有尊贵的出身；另一方面，人之外的物质世界又都是属于人的。这种生存观念不但威胁到人类与自然的供给关系，而且打破了人类与自然之间的平衡，环境问题便随之产生。环境保护理论正是在此背景下迅猛发展，以"人类—环境"系统为研究对象的环境科学也应运而生。虽然在物理学、地理学、生物学中都有环境这个概念，但在出现严重环境问题的大背景下，凸显了环境概念内涵上的较大变化。

上述对"环境"的解释其实已经综合了当前在环境这一领域研究者的最新进展，已经超越了传统意义上所说的与人类生存、延续相关的"周围"或"附近"事物，即"自然环境"。首先，环境是一个紧密结合的、整体的术语和概念；其次，现代意义上的环境还包含了人类的行动、志向和需要等存在的圈层，包含了我们生存之所的所有周围事物，即包含自然环境、社会环境和工业环境；最后，环境之间、环境与其对应的主体之间存在着广泛的相互影响，是一个开放的动态平衡系统。环境具有环境主体的多样性、主体关系的网络性和系统性、能量与信息的动态平衡性等基本特征。实际上，赋予"环境"概念新内涵的正是环境科学理论的发展，环境教育语境中的"环境"概念的内涵，承继了环境科学理论的新成果，因而也具有这些方面的特征。

"环境"突出的是"周围"，"生态"突出的是"关系"。生态学、环境科学的发展，都和环境保护运动有着密切的关系。环境保护主要从污染或生物多样性减少这样的客观状况的角度来考虑问题，而生态学、环境学则是一种不可缺少的分析工具。

2.教育的解读

环境教育，归根结底是环境的教育，落脚点在教育上。从广义上讲，一切影响人的身心的活动都可以称为教育；从狭义上说，只有用一定的方法达到一定的改进目的的活动才能称之为教育。教育是人类把文化精神和知识技能的传承当作手段，建构人的主体性，培养人的主体素质，发展人的本质的社会实践。教育的本质特征是建构人的主体素质、丰富人的主体性、完善人的本质的实践性特征，是教育存在的基础。在环境教育语境中的教育，是广义的教育概念，即面向所有个人的终身学习。

在人类历史长河中，存在着各种不同的教育理论。环境教育的产生源自对严重环境问题的反思。但其作为一种教育理念，从理论来看，起源于卢梭的自然教育思想理念，后通过欧美以杜威为代表的先进教育理念和以蒙台梭利、罗素、怀特海、尼尔为代表的新教育，促进了环境与教育两个领域的联合。思想家、教育家在理论及实践中，重视现实生活，鼓励直接的户外体验教育，强调在实践中发现问题、解决问题等一系列主张为环境领域与教育领域连接在一起作了很好的铺垫。后来，对诸如野外、乡村、城区等自然界及其生命的自然研究运动，正是在上述教育理念中汲取营养发展壮大，进而扩展到环境教育。

（二）环境教育的基本认知

1. 环境教育概念

在争论不休的各种环境保护理论与实践中，人们逐渐认识到环境恶化不单是自然科学飞速发展的原因，归根结底是人的因素在起决定作用，保护环境涉及政治学、经济学、人类学、伦理学等多学科领域及文化生活等诸多方面，在这样的大背景下，"环境"与"教育"这两大领域走到了一起，并发展成了一门新的学科领域。

从广义上说，环境教育是一个"赋权"和培养"权利"意识的过程，它培养人们在社区中发现环境和发展问题的能力。即环境教育通过充分的信息以触动人们主动向可持续生存的信仰和态度转化，并最终使信仰和态度转向为行动。

环境教育是一种旨在提高人处理其与环境相互依存关系能力的教育活动，以个人和社会的实际需要为基础，借助一切教育手段和形式，使受教育者在整个课程体系的实践中掌握相关的知识和技能，培养关注环境质量的责任感和领会环境与发展关系的新价值观念，控制自己的行为模式，从而从根本上推进人类的可持续发展战略。

2. 环境教育的目标

随着环境教育理论的深入发展，环境教育的目标也在不断发展深化。环境教育有五大目标：意识、知识、态度、技能以及参与，这五个目标都指向社会群体和普通个人。意识就是获得对整个环境及其相关问题的感觉和敏感性；知识是指获得处理环境及其相关问题的各类经验和基础理解；态度就是获得一套关于环境的价值观和态度，培养积极参与环境改善和保护的动机；技能是指获得理解和处理环境问题所需的技术能力；参与是指为各阶层人民提供机会，让他们积极参与解决环境问题。

3.环境教育的特征

不同于以往的传统教育,环境教育不仅要使受教育者获得知识、增长见识,而且还须深入到受教育者的意识中,改变受教育者的价值观念和态度,并使其具备解决实际环境问题的能力。环境教育主要有以下本质特征:

(1)环境教育是一种跨学科性的整合教育。我们生活的外部世界是一个复杂的综合体,它广泛地涉及自然和人类社会的各个方面。按涉及学科划分,包括生态学、社会学、生物学、物理学、地理学、化学、经济学、文化研究、历史学、伦理学等学科。环境教育必须整合各学科,引导不同学科的内容,分析造成环境问题的各种交互因素,才能真正了解环境状况,找到解决环境问题的办法。只有这样,我们才能真正了解环境状况,找到解决环境问题的方法。这是一个复杂的综合过程,不是各个学科内容的简单叠加。只有从整体上理解各个领域对环境的相互作用,才能真正把握环境问题的本质,找到解决环境问题的关键。

(2)环境教育是一种综合素质教育。环境教育的最终目的,是要形成受教育者的综合环境素质。这要求环境教育不仅要关注认知结构,更要关注情感体验,重视受教育者的心理感受过程,从价值观、态度、信念、动机、意志、责任感、道德感等方面进行引导,培养受教育者的认识、感知、意识、批判性思维能力、思考和解决问题的技能,最终使受教育者形成有益于环境的个人行为模式,形成包括知识、态度、价值观和技能等方面综合环境素质良好的合格公民。

(3)环境教育是一种持续性的终身教育。环境教育没有绝对的起点和终点,它始于学前教育阶段,是一个终身学习的过程,存在正规教育和非正规教育的各个阶段。在各年龄阶段,都要针对其认知、性格特点,关注培养对环境的敏感度,获得相关知识、态度以及处理问题的技能。例如,在青少年阶段,应特别注意培养学习者对社会环境的敏感性。环境问题的复杂性决定了环境教育的长期性和合作性,环境教育有赖于全球公众的协同配合、终身努力。

(4)环境教育是重视实践的教育。环境教育不仅是让受教育者掌握知识,更重要的是内化成自身素质,具备解决实际环境问题的能力。这就必须在教学中重视综合性、探究性活动,以培养解决实际问题的能力。受教育者通过在实践中的亲身感受、动手探究,才能体验、认识并深入理解环境问题,培养正确的环境态度与意识,具备一定的实际技能。

第二节 生态文明教育理论与构成

一、生态文明教育及其特征

（一）生态文明教育

生态文明教育吸收了环境教育、可持续发展教育的成果，把教育提升到改变整个文明方式的高度，提升到改变人们基本生活方式的高度。

生态文明教育是针对全社会展开的向生态文明社会发展的教育活动，是以人与自然和谐共生为出发点，以科学的发展理念为指导思想，培养全体公民生态文明意识，使受教育者能正确认识和处理人—自然—生产力之间的关系，形成健康的生产生活消费行为，同时培养一批具有综合决策能力、领导管理能力和掌握各种先进科学技术促进可持续发展的专业人才。

生态文明教育是中国生态文明建设的一项战略任务，这个任务是长期的和艰巨的。因为生态文明教育是全民的教育、终身的教育，不仅全民生态文明意识的形成需要过程，而且健康的生产、生活及消费方式行为的形成同样需要过程。同时，生态文明教育又是一个系统工程，需要各方面的支持和配合，这就要求一方面政府需站在战略的高度，系统地、周密地部署生态文明教育，运用已有的环境教育体系全面地开展生态文明教育，另一方面，教育的主体应探索更多、更有效的教育手段，开辟更多、更广阔的教育途径，积极推动生态文明教育向前发展，使之成为中国生态文明建设一支强有力的力量。

（二）生态文明教育的特征

生态文明教育是依托环境教育和可持续发展教育，顺应时代的潮流而兴起的。其特征有与环境教育和可持续发展教育相同和相似的地方，但也有自身的特征。归纳起来，主要表现在以下方面：

1.整体性特征

（1）生态系统本身是一个整体，人是这个系统的一部分，生态文明倡导的人们在生产活动中尊重生态系统的规律理念本身体现了整体性，关于生态文明的教育就要以整体性为前提。

（2）生态文明建设关系到各方面的利益，要坚持全国一盘棋的全局原则和理念，处理好人与自然、人与人的关系，处理好不同区域之间的发展关系，生态文明教育应贯彻这个原则和理念。

（3）生态文明教育的实施需要整体性的考虑，生态文明教育是一个系统工程，如生态文明教育理论的基础、内容、目标、原则、机制、方式方法等问题需要统筹，实施教育的各个部门之间需要相互合作，做到整体一盘棋，从而保证教育的效果。

（4）生态文明教育需要社会全体成员的共同参与，特别是各级领导，应带头倡导生态文明理念，从制度上推进生态文明教育，以身作则争做生态文明的榜样，只有社会成员都行动起来，生态文明教育才能取得好的效果。

2.全面性特征

生态文明教育的全面性包括以下两个方面：

（1）生态文明教育活动覆盖到各个领域，通过教育，把生态文明理念和思想贯彻到政治、经济、社会、文化各个层面当中。

（2）与环境教育、可持续发展教育相比，生态文明教育的内容更全面、更广泛，主要包括四点：①生态环境现状及知识教育，这是培养生态文明意识的前提；②生态文明观的教育，包括生态安全观、生态生产力观、生态文明哲学观、生态文明价值观、生态道德观、绿色科技观、生态消费观等，是生态文明教育内容的核心部分；③生态环境法治教育，这是建设生态文明社会的保障；④提高生态文明程度的技能教育，如节能减排等的绿色技术、日常生活中节约的常识、掌握向自然学习的方法和技巧等。

3.实践性特征

教育本身就是一项社会实践活动，实践是生态文明教育的内在要求，生态文明的一切物质和精神成果只有在实践的基础上才能取得，也只有实践，生态文明的成果才能发挥其作用；实践又是生态文明教育重要的实施途径，通过实践，使受教育者在与自然、社会接触的过程中掌握生态环境的基本知识，转变对人与自然关系的认识，调整对待生态环境的态度和价值观，增长维护生态环境平衡的技能。

4.全民性特征

与环境教育、可持续发展教育相比，生态文明教育更强调全民性，教育对象全覆盖。高校非环境专业大学生、各级政府部门的领导和工作人员、企业管理者和员工是生态文明教育的重点对象。这是因为，大学生是生态文明建设的主力军，在生态文明建设与经济建设、社会建设、文化建设越来越紧密的今天，国家和社会越来越需要"生态型人才"，高校生态文明教育理应面向各个专业的学生。各级政府是国家可持续发展战略的执行者，政府部门人员的生态文明素质将直接影响国家生态文明发展战略及生态文明制度的具体落实。而企业从业人员，特别是企业管理者，拥有较大的生产、经营自主权。因此，通过生态文明教育，提升各级政府部门和企业人员的生态文明意识，促使他们在各部门具体工作中、在各种生产实践中自觉把握经济与生态环境的和谐发展，为其他生态文明教育对象树立榜样。如此，对中国的生态文明教育尤为重要，否则，生态文明教育效果会大打折扣。

二、生态文明教育的理论基础

中国的生态文明教育以什么样的理论作为基础，将直接影响生态文明教育的方向及目标的实现。

（一）环境保护理论

日益严重的环境问题催生了众多环境保护理论，大批的哲学家、经济学家、生态学家、社会活动家从各自不同的角度，反思、建构了不同的学说及实践原则，诸如生态（环境）哲学，生态（环境）经济学，生态（环境）伦理学，等等。生态中心论、技术中心论、弱人类中心论是其中的代表。

生态中心论者认为：非人类生物与非生物都具有自身存在的价值，这些价值并不依赖于人类世界的有用性，生物的丰富性与多样性本身就是其价值；人类没有权利因为自身的繁荣及人口数量的增长与非人类物质发生冲突，否则，冲突会严重危害生物的丰富性与多样性，因此人类必须改变经济增长政策，改变片面强调物欲的生活习惯。

技术中心论者尽管意识到环境问题的存在，但认为由人口、能源、原料、粮食、生态学等问题引起的一系列困难只是暂时现象，虽然技术不一定可以解决所有的污染问题，但技术可以减轻或解决大部分污染问题，技术是抑制未来污染问题的主要动力。

弱化的人类中心论流派认为：人类首先是关注自身发展。如何实现人类的长足进步与发展，这需要经济、社会和环境三者协调发展，不能片面强调任何一方，用牺牲环境的办法来促进经济增长是短视的发展。人类的活动经常改变生态平衡是不可避免的，应当多建立对人有利的生态平衡，避免对人不利的生态平衡，不主张唯生态主义；应该建立全面协调发展的战略，即经济增长、社会发展不以生态恶化为代价，生态环境的改善依赖经济的增长和社会的进步。

实际上，人与自然的关系本质上是人与人之间的关系，人类社会发展应以人为本。生态文明教育不能单一地依据上述三种环境保护理论，否则会陷入保护了自然、抑制了发展，或者为了发展破坏了环境，最终还是抑制了发展的循环中，而忽略了改变人的生态价值观的技术中心论，终将无法平衡人与人的关系。

（二）中国传统生态伦理思想

生态伦理作为生态文明观的核心内核在中国传统思想中有着丰富的内涵，并且从它孕育的开始就有着同一的基调，即"天人合一"。"天人合一"它与中华农业文明起源时期的生态环境有关，其代表思想主要有儒家和道家流派。

1.道家"顺应自然"的生态伦理思想

道家"顺应自然"的天人观是道家生态伦理思想的理论基础，道家认为人与万物都属于大自然的存在物，人不能超出天道即自然法则而生存，所以人要遵循自然法则，主张人与自然有同等的价值，要和谐相处。其主张的"无用之用"的处事态度是达到人与自然和谐的方式，即人类的行为应遵循"自然""无为"的境界，否则，人类违背自然规律的活动会引起自然秩序的混乱；在处理天与人的关系上，道家劝解人类要"知足"，反对人对自然的无节制的掠夺，要人们合理地利用自然资源，不要改变自然法则和自然本身的和谐秩序，以达到一种人与自然本体合一的生存理想和生存境界。

2.儒家"参赞化育"的生态伦理思想

与道家以天道为出发点，论述天人的关系不同，儒家主张天道人伦化。董仲舒的"天人感应"说把人与自然的关系看作是和谐的整体。在处理人与自然的关系上，儒家注重以人道行天道，"推己及物"把人际道德规范推及到人与物的道德关系上，认为人比自然更能自觉、自主地调整自己的行为，从而保持、维护人与自然的和谐。"参赞化育"是儒家强调人类积极参与和改造自然界具有能动作用。人应该按照自然规律积极地改造和利用自然，从而促进万物的生长，达到人与天地共生共存。这些都表现出了儒家按照自然规律利用自然资源的生态伦理追求和提倡的生态道德要求。

儒家的生态哲学思想体现了"天人合一"的观点，透露出了可持续发展的生态观念，有利于促进人与自然和谐发展。

3.中国生态伦理传统思想剖析

中国生态伦理传统思想虽然产生的年代、流派不同，但有着一些相似的观点，有些是比较积极的，表现在以下两个方面：

（1）人与自然和谐的思想。无论是儒家主张的人与自然的整体性，还是道家主张的人与天地万物的同源性，中国生态伦理传统思想都强调人与自然是一体，不可分割，人与自然应和谐统一。而西方生态伦理思想特别是人类中心主义把人与自然对立起来，形成二元论，这就决定了两者在实践方式上的不同。

（2）人的道德规范应包括协调人与自然的关系。虽然儒家关注的重点是人道，道家关注的重点是天道，但两者都讲自然秩序与人类秩序应协调统一。儒家不仅讲人道，而且也讲天道，儒家倡导的"亲亲而仁民，仁民而爱物"的思想就是证明。虽然儒家认为物有等级体系，但儒家把天道与人道贯通一致，认为人类道德规范包括人对物行为的评价，从而扩大了伦理学研究的范围。

同分析西方生态伦理思想一样，我们剖析在有着五千年中华文化底蕴基础上建立起来的中国生态伦理传统思想，对于生态文明教育有着重要的借鉴作用。

（三）中国共产党生态文明思想

面对21世纪更严峻的挑战，在总结中国发展的经验和教训的基础上，中国共产党积极探索发展之路，创造性地提出了建设生态文明社会的目标，并为中国的未来设计了一条实现人与自然和谐发展的"生态文明"之路。

1.科学发展道路

21世纪初，我党就提出要全面建设小康社会，开创中国特色社会主义事业新局面。要将可持续发展能力不断增强，生态环境得到改善，资本利用效率显著提高，促进人与自然的和谐，推动整个社会走上生产发展、生活富裕、生态良好的文明发展道路，强调走中国特色社会主义建设道路不能忽视生态建设和环境保护，提出要用科学发展观指导资源环境工作，切实做到以人为本，将统筹人与自然和谐发展作为构建社会主义和谐社会的目标之一，致力于转变经济增长方式。坚持节约资源和保护环境的基本国策，加快建设资源节约型、环境友好型社会。

科学发展观强调人与自然协调发展。科学发展观的本质是坚持以人为本，强调发展的前提是科学发展，兼顾人、社会、自然的关系和利益，是为了满足人们的需要，为人们提供良好的生产、生活、学习、自然环境，最终目标是人的全面发展，提高人的能力，升华人的精神。

生态文明也是"以人为本"的，因为生态文明追求的价值是主张在人与自然的整体协调发展的基础上，实现人类当前和长远的利益，从而最大限度地保持可持续发展。可见，以人为本既是科学发展观的出发点，也是我们建设生态文明的基本出发点。

科学发展观的重要内容之一就是强调社会经济的发展必须与自然生态的保护相协调，在社会经济的发展中要努力实现人与自然之间的和谐，要走可持续发展的道路。科学发展，既不是以经济发展为借口而牺牲环境，也不是以保护生态环境为借口而不发展经济，而是追求经济发展与生态环境的平衡，在实现人与人之间和谐中真正实现人与自然的平衡。

科学发展观倡导的公正原则既是社会是否全面进步的标准，也是衡量人与自然和谐、经济发展人口、自然、资源协同进化的标准。科学发展观的公正原则主要反映在代内公正、代际公正、环境公正和国际公正等方面，这与生态文明追求的生态与经济的共同进步，当代与未来持续发展是一致的。

2.生态文明之路

面对中国的基本国情和特殊的国情，为解决生态环境与经济发展的矛盾，提高中国的国际竞争力，为中国特色社会主义现代化建设走出一条健康发展之路，造福中华民族的子孙后代，我党明确提出把建设生态文明作为我国全面建成小康社会的奋斗目标之一。这是对以往人与自然关系的思想与理论的总结和提升，是中国对解决日益严峻的资源和生态环境问题作出的庄严承诺，把生态文明升华到了新的高度，展现了中国共产党致力于生态文明建设的决心，为二十大以后生态文明建设思想的成熟完善提供了良好前提。

三、生态文明教育体系构成

生态文明教育属于教育范畴的类型之一，本身是一项系统工程。生态文明教育由若干要素组成，包括教育目标、教育内容、教育者和教育对象、教育途径和评价等要素，各要素在系统中发挥各自的作用，缺一不可。生态文明教育的基本任务是对自然生态"尊重的教育"和生态保护"责任的教育"。

（一）生态文明教育的目标体系

一般说来，目标是指在一定的条件和环境下，人们的行为活动所期望达到的结果。简言之，目标是人们根据一定的主、客观条件对未来的一种期望。目标和目的是两个既有联系又有区别的概念。目的是指人们希望自己的行为所要取得的结果的规格，具有高度的概括性和抽象性。目标是目的的分解和具体化，回答的是某一时期、某一阶段人们所要达到的那些预期目的。在一定意义上说，目标就是目的的具体体现，它与目的实质上表述的是同一含义，只不过更为具体一些而已。

生态文明教育目标就是要引导全体社会成员树立生态文明理念，养成生态文明行为习惯，形成绿色健康的生产方式、生活方式、消费方式，做到人与人之间、人与自然之间和人与社会之间和谐相处，永续发展。

1.生态文明教育的知识目标

知识是正确理解人与自然关系，正确处理人和社会与自然、生态与发展的重要基础。通过生态文明教育，公民应掌握生态学、环境学基本常识，掌握生态系统平衡的基本常识，掌握保护生态环境的实用型常识，掌握保护生态环境的基本法律常识，清楚人类活动与生态环境的相互关系以及政治、经济、社会、文化、生态之间的辩证关系等。

2.生态文明教育的意识目标

生态文明教育所要培养的意识是指树立人与自然同存共荣的自然观念，每个公民应具有珍惜自然资源，合理利用、保护自然，努力实现人与自然的和谐相处的意识。还应树立维护生态平衡的责任意识，有了这个意识，人们才能自觉地约束自己的行为。树立经济、社会、自然协调、可持续发展的观念，增强全民节约意识、环保意识、生态意识，营造爱护生态环境的良好风气，还要树立健康、绿色的生活方式和消费方式的观念。

3.生态文明教育的态度与价值观目标

培养人们对生态环境发自内心的正确态度及价值观是生态文明重要的目标之一，是人文精神的重要表现形态。生态文明的一个主要标志就是生活在自然界中的人们对自然要有人文关怀，这是实现生态文明的基础。这个目标具体包括培养公民热爱、欣赏、尊重、保护、善待自然及其他生物的平等和公平的态度，和谐、宽容与开放的心灵，陶冶生态道德情感以及人们能对自然界生命价值以及人类在自然界中的价值和位置进行科学评价。

4.生态文明教育的行为目标

各级政府能自觉落实国家科学发展观的战略政策，在处理生态与发展问题时，能自觉承担起促进和谐发展的职责，在工作中，培养绿色行政的自觉行为。各行业的企业能运用绿色科技，自觉实现绿色GDP，自觉做出有利于环境保护、促进环境友好型社会的行为，争当绿色企业。广大公众能自觉改变生活、消费方式，适度消费，减少浪费，掌握绿色生活的技能等。总之，通过教育，要培养全体公民的绿色行为习惯。

生态文明教育目标在生态文明教育活动中具有统领作用。生态文明教育目标也具有针对性，应根据生态文明教育的不同对象确定不同的目标。如大学生是中国特色社会主义现代化强国的建设者，是生态文明建设的主力军，生态文明教育应把培养"生态型人才"作为目标。对企业而言，生态文明教育的目标就是要培养绿色企业员工，实施绿色经营管理模式，打造绿色企业文化。

（二）生态文明教育的内容体系

生态文明教育内容是生态文明教育体系构成的关键因素，是由不同的生态理论按照一定的层次结构组合而成的。生态文明教育内容是为实现生态文明教育目标而服务的，是生态文明教育目标的具体体现，具体包括生态知识教育、生态现状教育、生态消费教育、生态道德教育、生态法治教育、生态经济教育、生态政治教育。

（三）生态文明教育的主客体

生态文明教育是一项全民参与的活动，生态文明教育的对象是社会各阶层的公众。生态文明教育活动的组织者、实施者为教育主体，发挥着主导性作用，而社会各阶层公众既是接受教育的客体，又是自我教育的主体，生态文明教育具有"双主体性"。

1.生态文明教育的"双主体"

从哲学角度看，主体是相对于客体而言。辩证唯物主义认为，主体是指实践活动和认识活动的承担者，主体是具有意识性、自觉能动性和社会历史性的现实的人。主体的本质属性是能动性、创造性、自主性（自觉性、积极性），因此，广义地讲，所有公民都是生态文明教育的主体，这是由教育的主体的本质属性决定的；狭义地讲，各级政府、各级学校及专门从事生态文明教育的教师、企业、新闻宣传机构及人员等是生态文明教育主体，不同主体承担不同的主体责任。

作为生态文明教育的统筹者、领导者，各级政府应将生态文明教育成为"全民教育"，制定相关制度推动生态文明教育在各个领域中都得到广泛开展，促使建设生态文明社会的战略重要性达到社会的广泛共识，把生态文明教育作为生态文明建设的组成部分纳入工作任务和目标中。具体责任包括：加强生态文明教育政策指导，制定生态文明教育政策，制定和落实生态文明教育长期、近期和年度计划，落实专有资金投入、绿色科技人才储备等相关方面保证等。

各类学校是生态文明教育的主阵地。对内，将生态文明理念融入学校的工作中，完善学校的生态文明教育体系，在学校统一部署下，教师应自觉将生态文明理念融入课程中，探索多种方法和形式传播生态文明理念，以身作则，引导学生养成生态文明行为；对外，与社会、社区联合，利用师资优势（高校包括大学生）传播生态文明理念和知识，服务社会。

各类企业经营者要把追求生态文明作为企业发展的战略目标，应不断提高产业生态化程度，自觉建设"国家环境友好企业""绿色企业"，提高从业人员生态文明教育普及率，承担开发或生产绿色产品、或运用绿色科技成果产生绿色效益、或提供绿色服务的责任，以实际行动贯彻落实绿色发展理念。

各类新闻媒体从业人员应架起政府与公众之间的桥梁，发挥正确的舆论导向作用，报道国家生态文明建设政策、生态文明建设取得的成就和破坏生态环境的事件，监督企业承担生态文明建设主体责任，面向大众普及生态文明知识。

2.生态文明教育的客体

每一个公民既是生态文明建设的参与者，又是生态文明教育的重要对象，更是生态文明自我教育的主力，要充分发挥主观能动性，积极践行绿色发展理念，参与生态保护、绿色发展的实践，在生态文明教育活动中，实现教育者与受教育者的双向平等互动。

（四）生态文明教育的途径和方法

生态文明教育途径和方法是连接教育者与受教育者的纽带，是实现生态文明教育目标、完成生态文明教育任务、传递生态文明教育内容的手段。在充分认识受教育者主体特性的基础上，生态文明教育方式方法要讲究艺术性，选择适当时机、采用适宜方法，实现生态文明教育内容的有效传递。

生态文明教育途径从纵向划分主要是学校教育，包括全国各类幼儿园、中小学和高校，采用课程教学与实践教学相结合的方式，传授生态文明知识，提高学生的生态文明意识，锻炼学生解决生态问题的能力；从横向划分主要是社会教育，各级政府、媒体机构、相关公益组织是主导者，政府发布政策和加强指导，媒体（包括新媒体）宣传报道，环保社团组织公众参与创建绿色社区、绿色家庭以及与生态相关的重大节点活动，共同发挥教育的作用。利用自然保护区、生态博物馆、森林公园等生态文明教育基地开展生态文明教育成为有效途径，它们带给人们最直接的感官体验，增加人们的生态文明知识，丰富生态文明情感，增强人们投身于生态文明建设的意愿。

（五）生态文明教育的评价

在探讨生态文明教育的基本内涵、理论支撑、目标体系等问题的基础上，继续探索、建立生态文明教育的评价体系，可以帮助人们进一步明确生态文明教育的具体内容和工作范围，更重要的是，促使生态文明教育进入实际操作层面，以检验生态文明教育效果和改进工作，起到导向、督促作用。

生态文明教育评价体系与以往的环境教育评价是有区别的，这是因为，生态文明教育有更多的主体参与、协调的关系更广泛、人们参与实践的机会更多、内容更丰富、实现的目标更高，因此，生态文明教育的评价应更注重过程评价。根据生态文明教育目标体系，生态文明教育评价体系可分为生态文明教育过程和教育效果两大部分。

1.生态文明教育的过程评价

生态文明教育过程评价主要是对政府、媒体、学校等主体机构生态文明教育开展情况进行评价。

（1）政府工作系统。一个地区政府对生态文明教育的重视程度和工作力度关系到该地区生态文明教育工作的成败，此系统的评价内容应主要包括：政府对生态文明教育的政策指导、生态文明教育长短期及年度计划、生态文明教育条例和各部门的规章制度等情况；公开生态文明建设相关信息情况；发展绿色经济、绿色科技的规划和实施情况；成立各级领导小组，并有专职人员负责的组织机构建设情况；提供生态文明教育资金的专有资金投入情况；宣教人员数量情况；政府工作人员生态文明教育的培训率情况；绿色科技人才储备情况等。

（2）新闻宣传系统。新闻宣传是生态文明教育的重要形式，此系统的评价内容应主要包括：生态文明教育新闻宣传领导小组工作；有政府或委托相关机构开办的绿色网站；广播、报纸、刊物有生态文明教育的专栏；对重大生态环境活动的报道；面向大众进行生态政策、生态法律法规普及工作；主要街道和社区设立生态文明教育宣传栏（廊）等。

（3）学校教育系统。学校教育是生态文明教育的重要阵地，对学校教育的评价可以结合绿色学校（含幼儿园）、绿色大学的评建，此系统的评价应主要包括：创建绿色学校（含幼儿园）、生态国际学校的情况；高校生态文明教育情况；各类职业学校传播生态文明观情况等。

（4）公众参与系统。公众既是生态文明教育的主体也是对象，公众参与是生态文明教育的重要力量，此系统的评价应主要包括：各级别绿色社区（生态社区）、生态村（乡）建设情况；大众广泛参与与生态环境相关的世界日活动情况；建设生态文明教育基地情况，如开发国家森林公园、各级自然保护区的文化功能、修建生态公园，并设有专职生态解说员、工作体验区等；非政府组织参与环境保护活动的人次等。

（5）企业运行系统。在生态文明建设过程中，企业肩负着重大的责任，对此系统的评价应主要包括：产业生态化程度；建设"国家环境友好企业"情况；从业人员生态文明教育普及率；企业行为对生态环境影响的情况；开发、使用生态环保产品的情况；承担社会责任的情况；绿色科技人才储备情况等。

2. 生态文明教育的效果评价

生态文明教育效果评价体系主要是通过对公众生态文明意识和公众对生态文明的满意度来检验生态文明教育效果。

（1）公众生态文明意识。生态文明教育的根本目标是提高公民的生态文明意识，因此，一个地区的公民生态文明意识的高低是评价该地区生态文明教育工作成效的一项重要指标。生态文明意识评价的内容应包含生态文明教育目标体系的全部内容，具体包括生态文明知识、生态文明态度情感、生态文明价值观、生态文明意志信念和生态文明行为等方面。这项指标的评价可以通过问卷调查、走访、观察得出该地区公民的生态文明意识程度。

（2）公众对生态环境、生态文明的满意率。生态文明教育效果另一个重要的评价指标是公众对生态环境、社会生态文明的满意率，这项评价主要是检验政府的工作效果，主要考察公众对所生活地区的生态环境、生态文明程度的满意程度。其内容主要包括环境度、资源承载度、绿色开敞空间、享受绿色经济、绿色科技成果状况等。这方面的评价可以通过问卷调查来进行。

第三节　生态文明教育的目标与内容

一、生态文明教育的目标

生态文明教育的目标，就是生态文明教育所期望达到的结果，它规定了生态文明教育的内容及其发展方向，是生态文明教育的出发点和归宿，制约着整个生态文明教育活动的进展情况。目标的科学性直接关系到生态文明教育的成效，生态文明教育要取得成功，一个基本的前提是必须有一个科学的目标。只有目标正确，才可能为生态文明教育的实施确立正确的方向，使之沿着正确的轨道发展，从而取得良好的效果。

（一）生态文明教育的最终目标

生态文明教育的最终目标即生态文明教育的目的，就是通过家庭教育、学校教育和社会教育等途径提高社会成员的生态文明素质和相关行为能力，以使其逐渐树立生态文明理念，从而能够在生产、生活中自觉践行生态文明理念。简言之，生态文明教育的最终目标就是培养和塑造具备科学生态观、适应社会发展需要的生态公民。

1.树立科学生态观

生态观是人类对生态问题的总的观点与认识，这些观点建立在生态科学所提供的基本概念、基本原理和基本规律的基础上，是在人类与全球自然生态系统的基本层次上进行哲学世界观的概括，是能够用以指导人类认识和改造自然的基本思想。

（1）代表性生态观。基于对人与自然关系的理解和认识，人们的生态观也在不断演进之中。从历史发展的先后来看，具有代表性的生态观主要有人类中心主义生态观、生物中心主义生态观和生态中心主义生态观。

人类中心主义生态观主张人是整个宇宙的中心，处于最高位置，只有人类才有价值，其他物种基本上不存在价值问题。所以人类的行为活动都是从对人有利的方面出发，把维护、实现人类的利益作为最高标准与最终目标，至于人类的行为是否会伤害到其他物种的生存与发展，一般不在人们的考虑范围之内。

随着人类对自然界实践的深入与理论认识的深化，人们逐渐认识到应该把所有有生命的物种纳入生态伦理的视野之中。于是，在生态观方面，人类中心主义逐渐被生物中心主义所取代。生物中心主义强调，一切有生命的个体都有自身的价值，尤其是动物，把判断善恶的标准定为对生命存在的伤害与否，提出只要是使生物产生痛苦感受的行为都是非道德的。在人类道德视野不断扩展的基础上，人们不仅把所有生物纳入伦理的范围之中，而且把自然界中的所有存在物，包括空气、水、岩石等都融入了人类道德伦理的范畴中。于是，生态中心主义逐渐取代生物中心主义而在人们对待自然的态度方面占据主流。

生态中心主义认为宇宙中的万事万物都有其存在的价值，整个世界是一个具有内在联系的统一整体，其中包括无机界和有机界，整体中的各个部分之间相互关系、相互影响。生态中心主义还认为不管是对无机界个体或整体的伤害，还是对有机界个体或整体的伤害都会在某种程度上对世界整体产生不利影响。

然而，上述种种生态观都有一定的缺陷，在指导人类社会发展的过程中会带来各种危害。人类中心主义把人类的利益与发展作为一切的中心，在伦理价值观上的表现是"对自然的控制"。人类行为在以人类利益为中心的生态观支配下，产生了过度生产、过度消费和严重污染的粗放式生产消费模式，从而造成生态失衡、资源短缺和环境恶化等威胁人类生存的种种生态危机。而生物中心主义和生态中心主义的缺陷在于：首先，把生物及自然界看作与人平等的主体，是对人的拒斥和消解，是一种"泛主体"思想；其次，把自然万物的存在价值与人类的价值等同，实质上是将人物化和将价值关系泛化；最后，把伦理的范围扩大到自然万物是对伦理道德的误解，因为除人以外的自然万物不可能承担道德责任、履行道德义务。

（2）科学生态观。科学生态观是人们科学对待包括人、社会和自然界在内的整个生态系统的主要思想观点，是指导社会成员在生产、生活中主动践行保护环境、节约资源、维护生态平衡的行动指南。科学生态观在扬弃传统生态观的基础上，充分吸取他们各自合理的成分，立足人类的长远利益与社会发展的现实状况，从人与自然和谐的整体观与事物发展的过程论求解人口与资源、环境等方面的矛盾与对立。在深层次上，科学生态观还体现了在提高国人综合素质的基础上，使人们形成一种生态自觉意识，从而实现人与自然自然而然地和谐相处。

（3）科学生态观与传统非科学生态观的区别。具体来说，科学生态观与传统非科学生态观有如下区别：

第一，从人与自然之间的关系来看，科学生态观认为人与自然之间还存在主体间关系，并非单纯是传统生态观认为的主客体关系。长期以来，在人类中心主义的影响下，人们大都认为只有人类是主体，其他自然物都是人类的客体。于是，人类以自然界中有智慧、会劳动的高级动物而自居，在谋求自身生存、发展的过程中把自然资源及其他生物当作逆来顺受的纯粹客体。然而，不仅其他生物对人类的不当行为有反作用，而且自然界的山川河流等都会对人类破坏自然的行为进行反抗与报复。

从物种平等与系统论的角度来说，世界上的所有物种都是平等的，都是针对其他存在物而言的主体，自然界也均有其存在的价值，在维护整个生态系统平衡方面有其不可或缺的意义。因此，科学生态观反对把自然只是看作人类可以任意驾驭和利用的对象与工具，而使自然到处充满被人类征服与破坏的痕迹。我们要在尊重客观规律的基础上改造自然、利用自然。科学生态观主张在顺应自然、尊重自然的基础上利用自然，强调应该把自然万物看作是与人类平等的主体，主体间应该互惠互利、相互促进、共同发展。

第二，从价值观方面来看，科学生态观超越了传统生态观在价值观方面的狭隘认识。传统生态观在价值方面通常认为，只有人类才有价值，其他生物是没有价值的。从人类的长远发展与整个自然界的发展规律来看，这种"价值唯人论"是不科学的。从自然界的发展演进来看，大自然中的万事万物都有其独立于人之外的价值，从人类与其他物种的主体间关系来看，所有的自然存在物都有其自身价值，正是无机界与有机界中所有物种的存在与相互作用，才使整个生态系统运转平衡、稳定，成为一个相互依存、相互影响的有机整体。为此，人类要尊重、保护其他物种，包括其他动物、植物乃至自然界的山川河流，我们应该在谋求自身生存、发展的同时考虑对其他物种的影响。只有人与自然万物和谐相处、共同繁荣，人类才能真正实现自身的永续发展。

第三，科学生态观在社会发展理念、生产方式、消费方式等方面超越了传统生态观。

从资源、环境、人口与社会经济发展的联系来看，科学生态观主张在人类社会的发展过程中，对自然的索取要以对自然的回馈为基础，只有留给自然充足的循环修复的时间和空间，才能使其为人类持续提供各种自然资源和良好的生存环境。科学生态观还认为社会发展的水平不仅体现在经济总量的大幅增长上，同时生态环境状况也是社会发展层次的重要方面，如果失去了人类赖以生存的环境条件，那么经济发展取得成就也将毫无意义。

在生产方式上，科学生态观主张积极探索低排放、低消耗、低投入、高产出的新型高效经济发展方式，彻底扭转原来那种高排放、高污染、高耗能、低产出的落后经济增长方式，大力发展以低碳经济、循环经济、生态经济为主体的绿色产业。在消费方式方面，科学生态观倡导合理消费、适度消费及绿色消费，认为应该尽量杜绝过度消费、超前消费、奢侈浪费以及各种以环境资源为代价的不良消费。同时，科学生态观还强调通过教育、社会宣传等方式在全社会普及生态文明理念，把生态文明同政治文明、精神文明等一起作为我国社会建设的重要目标。

总之，科学生态观内蕴着平等与友好，表征着协调与秩序，指示着适度与均衡，追求着和谐与共赢，是人类在现阶段摆脱日益严重的生态环境危机，创造更加绚丽多彩的生态文明不可或缺的理念。

2.培养生态公民

为了使生态文明理念在全社会牢固树立，生态文明教育应该引导社会成员逐步形成科学生态观，扬弃人类中心主义和生态中心主义等传统生态观，从而逐步成长为适应现代社会需要的生态公民。

"公民"既是一个法律概念，也是一个政治概念。从法律上说，公民指的是具有一国国籍，并依据该国宪法和法律规定，享有权利和承担义务的人。凡具有中国国籍的人，不论其年龄、性别、出身、职业、信仰等，都是中华人民共和国公民，都依法受到中国法律的保护，享有宪法和法律规定的权利，同时必须履行宪法和法律规定的义务。在政治上，公民拥有的法定权力集中体现为参与公共事务并担任公职的正当资格。

（1）生态公民及其特征。生态公民是指具备一定的生态文明素质和行为能力，在生产、生活中积极践行生态文明思想的新时代公民。生态公民应该具备生态环保知识和生态文明理念，并且能够在生产、生活中主动践行这种理念。从公民的权利与义务相统一的角度来说，生态公民在享受环境权、公平权和安全权等生态环境权利的同时，要承担维护生态平衡、保护环境和节约资源等义务。同时，生态公民应具备以下三个方面的显著特征：

第一，具备较高的生态文明素质。所谓生态文明素质是指人们生产、生活中的行为方式所体现出来的对生态知识与生态理念的认知水平。公民的生态文明素质包括两个方面的内容：①人的意识中的生态保护知识与生态文明观念；②社会实践中的生态化行为表现。其中，生态文明观是生态文明素质的突出表现，生态文明观是对生态文明知识认知的升华，同时是指导生态文明行为的重要引擎。现代社会中，社会成员的生态文明素质对于应对生态环境恶化与资源约束趋紧的严峻形势具有重要意义，因为社会成员的生态文明认知水平和践行程度会直接影响生态环境建设的质量和速度。

第二，享受生态环境权利。公民身份的获得标志着某些基本权利的确定，比如生命权、自由权、安全权等。生态公民身份的确立也就意味着基本权利向自然界的延伸。一般说来，生态公民享有的基本权利包括三个层次：①生态公民享有为了维持其基本生活需要而获取清洁的空气、淡水、食物和有益身心健康的住所的权利；②生态公民享有在一定范围内参与改造自然而获得的基本文化生活权利；③生态公民享有不遭受环境污染与环境破坏引起的危害的基本生存权利。总之，生态公民在不违背自然生态规律和社会整体利益的前提下，享有为了维持其自身基本生存和基本需要的权利，享有不遭受环境污染和环境破坏的权利。

第三，承担生态环境义务。权利与义务是一对孪生兄弟，享受权利的同时必须承担相应的义务。没有无义务的权利，也没有无权利的义务。同样，社会成员在享用清洁的空气、干净的水、安全的生活环境等权利的同时，必须承担保护生态、爱护环境的义务，不能把废气、废水、废渣等有害物质随意排向空中或水中。生态责任是一定社会或阶级，在保证维护生态系统平衡的条件下，对个人确定的任务、活动方式及其必要性所做的某种有意识的表达。即生态公民要对自然界做自己应当做的事，对自然界做与自己的义务、职责和使命相宜的事情。总体来说，生态公民的义务、职责和使命便是维护良好的生态环境，为保持生态安全和生态平衡而积极行动。因此，生态公民必须做到尊重生命，保持地球的生命力；进行清洁生产，合理利用资源；履行适度消费的原则，反对奢侈浪费。

（2）培养和塑造生态公民的缘由。

第一，培养生态公民是应对人口危机，提高人口素质的需要。所谓人口危机是指由于人口过度增长、人口素质不高等原因造成的社会危机，也指发达国家出现的人口零增长或负增长给社会经济和政治生活造成的严重后果。而对我国来说，上述两种情况都存在，只不过前者是显的，后者是潜在的。多年来，我国人口基数大、增长快，文化素质一直困扰着社会经济的快速发展。过于庞大的人口数量不仅给国家的粮食供应、社会稳定、教育、医疗、就业、交通和住房等带来巨大的压力，更为重要的是使有限的资源和脆弱的生态环境不堪重负。在人类的发展过程中，诸多因素可以影响生态环境，但是人口是最主要、最根本的因素。面对正反两方面的人口危机，通过培养适应社会发展需要的生态公民，来提高人口素质、平衡人口数量是促进我国社会经济平稳、健康发展的必由之路。特别是当前，在人口与资源、环境的矛盾日益突出的形势下，更需要高素质的生态公民对自己的生育行为进行合理规划，从而使我国人口的数量、质量与资源、环境的承载力相协调。

第二，培养生态公民是应对资源危机，实现可持续发展的需要。能源、原材料、水、土地等自然资源是人类赖以生存和发展的基础，是经济社会可持续发展的重要物质保障，我国是一个资源紧缺的国家。在资源利用方面，存在资源利用效率明显偏低，经济增长方式粗放，资源需求增长过快，资源约束的矛盾不断加大等问题。还有现实生活中严重的资源浪费也在很大程度上制约了我国社会经济的健康发展。针对我国资源紧缺、使用不当和浪费严重的问题，除了开发利用新能源和积极提高资源利用效率外，必须教育和培养具备节能意识的生态公民，以科学合理地利用有限的资源，促进经济社会的可持续发展。

第三，培养生态公民是应对生态危机，建设生态文明的需要。生态危机是指由于人类不符合自然生态规律的经济行为长期积累，使自然生态破坏和环境污染程度超过了生态系统的承受极限，导致人类生态环境质量迅速恶化，影响生态安全的状况和后果。也就是生态系统的结构和功能被严重破坏，从而威胁人类生存和发展的现象，是人与自然关系矛盾冲突的结果。

我们要从当前资源、环境及生物多样性存在的问题及面临的严峻形势出发，建设天蓝、地绿、水净的美丽中国，努力实现生产发展、生活富裕、生态良好。相比之下，现实与理想还存在较大的差距。有效化解各种生态危机，建设生态文明除了靠法律制度和科学技术外，更重要的是要提高社会成员的生态环保素质，培养生态公民。因为各种生态危机的出现在很大程度上是社会成员缺乏环保和节约等生态文明意识造成的，要扭转生态环境恶化的趋势，建设生态文明也必须从人的素质和观念入手，培养具备较高生态文明素质的生态公民，从而使之在生产、生活中自觉践行生态文明理念。

总之，培养和塑造生态公民是我国提高人口素质、积极应对人口危机的需要，是推进可持续发展、有效应对资源危机的需要，是促进生态文明建设、逐步化解生态危机的需要。

（二）生态文明教育的具体目标

1.具体目标的确立依据

生态文明教育作为培养人的活动，其具体目标在思想认识和行为表现上具有不同的层次表现。生态文明教育目标的设定一方面要反映社会发展的现实需求，另一方面必须遵循人的身心发展规律。只有当目标建立在社会发展与人的发展相结合的基础上，才能真正成为生态文明教育活动的努力方向。生态文明教育具体目标的设定要依据一定标准，考虑相关的制约因素，具体来说，确立生态文明教育的目标层次要考虑以下方面的因素：

（1）社会发展的客观要求与党和国家的奋斗目标。生态文明教育是一种社会实践活动，必须适应社会发展的需要。可以说，社会发展的客观需要是确立生态文明教育目标的第一个重要依据。生态危机与资源危机越来越成为制约经济社会发展的巨大障碍，而实现民族振兴与社会发展必须克服这些障碍，必须处理好人与自然的关系，处理好代内发展与代际发展的关系。因此，生态文明教育的具体目标制定，必须依据我国人口众多、资源短缺和环境污染严重的社会现实。

我国是人民民主专政的社会主义国家，共产党是执政党，是广大人民利益的主要代表者，因此，党和国家的奋斗目标反映了社会发展的客观要求和人民群众的根本利益。所以，生态文明教育的目标应同党和国家的奋斗目标保持一致。针对社会整体的发展状况，从长远角度考虑，国家把建设生态文明、实现美丽中国作为长期坚持的治国方略与发展目标。而生态文明教育本身就是为建设生态文明、实现美丽中国服务的基础工程，因此，生态文明教育目标的制定要以党和国家的奋斗目标为依据。

（2）生态道德形成规律和公民生态文明素质现状。生态文明教育是培养人的实践活动，它的所有活动都直接作用于人。因此，人的生态道德形成规律及教育对象的生态文明素质状况是确定生态文明教育目标的重要依据。

生态道德是人们正确处理人与自然关系的基本道德规范，是个人生态文明素质的重要体现。作为道德范畴的一个组成部分，生态道德的形成、发展、巩固也是一个有规律的发展过程。生态道德的形成以认知为基础，以情感与意志为必要条件，以信念为核心与中介，以行为习惯的养成为检验标准。同时，个体生态道德的形成和发展，不仅是一个认识过程，还应当是一个实践过程。它是把社会要求的生态文明理念逐步"内化"为个体的思想、观念、品质，进而"外化"为行为习惯的过程。

因此，确定生态文明教育目标，不仅要注重理论素养和观念、理想层面的要求，同时还要强调知行统一、行为践履层面的要求。所以，确定生态文明教育目标绝不是教育者主观想象的设计，而要依据教育对象的生态道德基础与形成规律。教育目标所提出的各项素质规格及其地位、顺序，都是为了帮助教育对象形成一个完整的生态道德结构。

受教育者的生态文明素质水平及思想状况，对生态文明教育的具体目标制定尤其重要。因为，在现实生活中，教育对象的类型和层次各不相同。依据教育对象的职业、经济状况、文化程度、年龄等状况，可以把教育对象分为不同类别，每一类又可按照思想觉悟、道德水准等分为不同层次。显然，不同类别、不同层次的教育对象的思想状况有所不同，这就要求我们在确定生态文明教育目标时，要充分考虑教育目标与受教育者思想状况之间的联系，充分考虑教育对象的可接受程度，这样才能确定恰当的教育目标。如果忽视教育对象的思想实际，就有可能把具体目标定得过高或过低，从而影响教育的成效。教育对象的思想层次不同，决定了生态文明教育目标的层次差异。在统领全局的根本教育目标的指导下，生态文明教育的具体目标必须是多层次的，要根据具体教育对象的思想状况来确定各行业、各部门、各单位生态文明教育的具体目标。

2.具体目标的层次结构

（1）获得生态文明认知。认知是指通过人的心理活动（如形成概念、知觉、判断或想象）而获取知识。一种认知的获得，需要对客观事物进行加工，通过形成概念、判断、推理等方式形成。一般认为，认知与情感、行为等相对存在，是情感和行为产生之基础。认知对行为习惯的养成具有导向作用，一个人在某方面的认知状况对其行为活动具有直接影响。通常情况下，人们对事物的认识越正确、越全面、越深刻，就越有助于将其转化为思想信念以及相应的行为。可见，认知是把一定社会的价值观念、规范转化为社会成员日常行为习惯的基础和前提。

生态文明认知是指人们对生态环境客观状况的认识，是有关生态环境的基本常识的掌握和人与自然关系的价值态度的形成。从内容上说，生态文明认知不仅包含了关于人类之外的生态环境的所有认知，也包括了人类自身及其与外部生态环境之间关系的认知，乃至包括人与人、人与社会相互关系的认知。从层次上看，生态文明认知不仅包含对生态现象的表面知识、深层原因以及规律的把握，而且涵盖人们对自然万物的价值性评价以及对人类行为方式的科学性评价。

在指导人行为的整个心理结构中，生态文明认知以其对环境、资源的认识及对自身的价值意义为直观反映，进而促使人的生态文明情感产生并逐步加深，随着认识的深化和情感的升华，人们的行为也自然向节能环保、绿色发展的方向转化。显然，生态文明认知对于一个人形成较为深刻的思想信念具有基础性意义。需要指出的是，这里的生态文明认知主要是指理性认识意义上对生态环境及其相关知识的知晓与领悟。当然，这种对生态文明的理性认知是建立在感性认识基础之上的，而由感性认识上升到理性认识恰恰需要教育在其中发挥积极的推动作用。

生态文明教育的最基本目标就是让受教育者通过各种途径与方法认识和学习有关生态、环保、资源、节约等方面的知识，为进一步培养生态文明情感、树立生态文明理念打下基础。这是生态文明教育的起点，没有对生态文明的基本认知，社会实践中也不可能表现出生态化的行为方式。

（2）培养生态文明情感。情感是人对客观事物是否满足自己的需要而产生的态度体验。生态文明情感是人们在现实生活中对自然万物、生态环境以及人与自然关系等方面表现出来的一种爱憎好恶的态度，它是一种非智力因素，是认识转化为行为的催化剂。一般说来，情感是伴随着人们的认识而产生和发展的，对人的行为起着很大的调节作用。人们对于自己所从事的活动、所接触的对象的情感喜恶及其程度，对一个人的态度表现与行为选择具有重要的影响。假如一个人非常喜欢某种活动，他就会想方设法参与这一活动，会把自己的时间和精力都放在上面，极为投入，反之，就会表现出敷衍、淡漠等消极态度。情感一旦占据心灵，就会支配人的思想和行为，情感对人的素质和行为方式的形成起着催化、强化作用。

生态文明情感是人们对山川湖海、各种动物、植物乃至整个生态系统发自内心的尊重、热爱、赞美等心理体验。这种情感的萌生主要源于两个方面：①自然物能够满足人的审美需要，人们在审美过程中会油然而生对自然的敬仰和爱惜之情；②自然界是满足人的生存需要和提高人的生活质量的物质基础，对此有深刻认识的人们会对自然产生出一种类似于儿女对母亲的认同、依恋、感恩和爱护之情。相比之下，前者比较普遍，后者比较深刻和稳定。

生态文明情感在生态文明认知基础上形成，是对生态文明认知的深化和发展，是生态文明观念形成的助推器。通过生态文明情感，可以将外在的客观环境与内在的自我意识建立联系，并积极影响生态认知，在此基础上，共同促进生态行为的产生。通过情感体验，转化受教育者的生态认知，培养其尊重自然、关爱自然、保护自然的生态文明情感，并使之逐步向日常行为习惯转化，从而达到提高全体社会成员生态文明素质的目的。所以说，生态文明情感是受教育者心理在生态认知基础上的进一步提升，是表现生态文明行为的前提条件，培养社会成员的生态文明情感是生态文明教育的重要目标之一。

人们对自己生活于其中的生态环境所具有的生态文明情感，意味着人在情感上对大自然的一种深刻的依赖性，这些情感在认知达到一定程度后不需要借助于外力，就能自动地促使人们去追寻自己同大自然的和谐统一。也正是这些情感，促生人们的生态意志，促使人们更好地承担保护生态环境的法律义务和道德责任。同时，这些生态文明情感，还构成了人的心理结构当中一个不同于认知和意志的维度，即审美的维度。也就是说，当人们依靠上述情感来对待生态环境时，其实是在把它作为一个美的对象来欣赏。因此可以说，生态文明情感其实也是一种令人愉悦的美感。

（3）锻炼生态文明意志。意志，从心理学层面来说，它以语言或者行为为表现形式，是人们为了达到某种目的而形成的一种心理状态。日常生活中，意志一般是指人们在实现某种理想目标或履行特定义务的过程中，积极排除障碍、克服困难的毅力。同时，意志是产生特定行为的内在引擎，是体现主体认知程度、调节主体行为活动的精神力量。一个人良好行为习惯的形成，就是在其坚强意志力的作用下促使相应的行为反复出现并能够长期坚持。反之，倘若一个人意志力薄弱，其认识能够转化为行为习惯的可能性就很小，即使暂时可以对目标付诸行动，也不可能持之以恒。可见，是否具有坚毅果敢的意志，是人们能否达到一定素质水平的重要条件。

生态文明意志是人们在具备生态文明认知和情感的基础上，在生产、生活中自觉克服困难、排除障碍而践行生态、环保、节约等文明理念的毅力。生态文明意志的练就是在获得了基本生态文明认知，培养了尊重自然、热爱自然情感的基础上，个人生态文明素质的进一步提升。这种意志是主动驱使人们自觉承担保护生态环境的责任与义务的行动自觉，正是通过这个意志向自己发出承担保护生态环境责任的行动指令，进而付出保护生态环境的合理行动。它可以命令我们在实际行动中要保护环境而不能破坏环境，要节约资源而不能浪费资源，要绿色消费而不能过度消费。显然，生态文明教育必须致力于帮助人们形成这样的生态意志，不然，人们就难以把生态保护的责任和义务落到实处。

生态文明意志的练就要以生态文明认知与生态文明情感为基础，当生态文明认知和情感发展到一定阶段，就会相互作用而形成生态文明意志，生态文明意志一旦形成总是牵动、引导内心的活动朝着好的方向采取实质性行动。生态文明意志对于生态文明素质的提高和生态文明行为的养成具有关键性作用，是生态文明教育具体目标的进一步深化。意志力是需要训练的，而且对情绪和想法的自觉调整十分重要，社会成员的生态文明意志不是与生俱来的，是需要教育引导和实践锻炼的，因此，把锻炼社会成员的生态文明意志作为生态文明教育的一个重要目标，既是实现生态文明教育目的的需要，也是遵循人的心理发展规律的重要体现。

（4）树立生态文明信念。信念是人们的心理发展过程在认知、情感、意志基础上的进一步提升，是人们自内心深处对某种理论或规范的正确性、科学性的虔诚信任。信念是连接人的思想认识和行为活动的直接桥梁和纽带。人们的某种认知，只有经过大脑的理性思维提升和人生经历的反复检验才能使之上升为信念，进而成为人们行为活动的指南。信念就是一种被个体所理解的认识，是一种被个体情感所肯定的认识，并带有个体坚持与固守这种认识的意志成分。因此，信念是深刻的认识、强烈的情感和顽强的意志的有机统一，其统一的基础，就是人们承担某种义务的社会实践活动。信念比起前三者，更具有持久性、稳定性和综合性的特征，它在个人综合心理素质中处于核心位置，对个体在实践中的行为选择具有决定性作用。

生态文明信念是人们对人与自然和谐的生态价值、保护环境与维护地球生态平衡的责任意识的深刻认识与坚定信仰，是热爱地球、热爱自然、珍惜资源、珍爱生命的生态道德体现，是超越人类中心主义、生态中心主义而形成的整体观、系统观及和谐观。生态文明信念的形成是在认知、情感和意志基础上的自然升华，是指导生态文明行为的直接引擎。只有人们在思想意识中对生态文明的知识理论与价值观念深信不疑，才能将这些理念切实贯彻到现实生活之中。生态文明信念能够保证一个人的生态化行为具有持久性与稳定性。因此，树立生态文明信念是生态文明教育目标的高层次表现，是衡量一个人的生态文明素质的重要指标。

（5）养成生态行为习惯。从人的道德心理发展角度说，行为是在认知、情感、意志及信念的调控下，主体主动按照思想信念中的道德规范与是非标准在行为选择上的实际表现。行为是人们知识水平及道德素养的综合表现和外在反映，是衡量个人道德品质与思想素质优劣的根本指标。这里所指的行为不是人的偶然性行为，而主要是指人们经常表现出来的习惯性行为。因为人们的偶然性行为不可能如实地体现其思想素质水平，而在人们的生活中无数次出现乃至形成习惯的行为，则可以比较客观、综合、全面地展现一个人的思想素质情况。同时，多次反复的行为一旦形成习惯之后，这种行为习惯又可以对个人认知的加深、情感的培养、意志的坚定及信念的固化起到积极的促进作用。

生态文明教育的归宿就是使社会成员养成良好的生态文明行为习惯。因为人们对生态文明方面的认知、情感、意志和信念状况最终都要以行为习惯的方式来体现。

生态文明习惯就是指人们不需要思考在日常生活中就能做到节水、节电、爱护花草、绿色出行、垃圾分类等。也就是说，人们在想问题、办事情时能够自觉地从对环境、资源、其他动植物乃至整个生态平衡的有利角度出发。

生态文明习惯的形成不是一蹴而就的指令性行为，而是一个复杂的心理过程，如前所述，生态文明习惯也需要在相关认知的基础上滋生积极的情感体验，在情感升华的基础上形成坚强的意志，在持之以恒的意志力作用下固化成稳定持久、坚定的信念，有了关于生态文明的坚定信念，生态文明习惯才能够水到渠成、自然养成。从心理学来说，这是一个完整的心理发展过程，也是把相关知识先内化为自身的信念，再外化为实际行动的过程。

生态文明行为习惯的养成不能仅靠个体的主观努力来实现，还需要从客观方面，如制度规范、法律法规等方面促进社会成员在现实生活中养成节能环保、爱护生态等良好习惯，并且保证其长期坚持，以至达到自觉。一旦养成了生态文明习惯，人们就会主动践行生态文明理念，并以其生态实践活动反作用于社会，影响和带动其他人树立生态文明理念，进而促进整个社会生态文明践行氛围的形成。因此，从教育心理学的目标层次来说，能够在日常生活中养成节约资源、保护环境等良好习惯是一个人生态文明素质高低的最终表现和检验标准，是生态文明教育目标的最高层次。

二、生态文明教育的内容

（一）生态文明教育内容的确立原则

生态文明教育的内容是生态文明教育的一个子系统，其组成要素涉及诸多方面。然而，生态文明教育内容的确定不能任意编排，而是要根据教育目的以及教育对象的思想实际确定。因此，对于生态文明教育内容的选择与确立除了考虑生态文明教育目标的层次性、教育对象的差异性和教育内容的契合性等因素外，还应遵循以下原则：

1.综合性原则

内容综合性原则是指在生态文明教育内容的选择与确定过程中，要遵循联系、发展和全面的原则，使教育内容不仅包括自然科学方面的知识，还要涵盖社会科学方面的内容。这是由生态文明教育本身的性质及其要实现的教育目的决定的。从这一教育本身的性质与特点来看，生态文明教育，要涉及教育学科的相关理论，尤其是环境教育学和思想政治教育学。从教育活动的内涵来看，教育是培养人的活动，要取得理想的教育效果，达到教育目的必须了解人的心理，这意味着开展生态文明教育还要涉及心理学的相关知识，特别是教育心理学和生态心理学的内容。从理论指导来看，有效的教育实践必然要以一定的哲学理论为方法论指导，这涉及生态哲学与生态伦理学方面的知识。从与生态文明教育直接相关的自然科学来看，对生态科学和环境科学知识的了解与整合必不可少。可见，生态文明教育在理论上要吸纳、整合众多学科知识，内容要体现出较强的综合性。

从教育的目的来看，生态文明教育要达到使社会成员在掌握必要的科学文化知识基础上，认识到人与自然相互依存、互利共生的关系，进而树立人与自然和谐的价值观与生态观，使其最终能够在社会活动中践行科学的生态文明观。显然，这一目标的实现首先需要使教育对象掌握一定的自然科学知识，如环境科学方面的相关概念，环境对人的影响，环境污染的治理等，生态学方面的生物圈、食物链、生态平衡以及人在生态系统中的影响等。只有从自然科学知识层面认识到人与环境、资源乃至整个自然生态系统的关系，才能使人们从世界观、价值观的角度树立正确的生态文明理念。

从人文科学知识层面来看，科学生态观的树立，生态公民的培养离不开教育学、心理学、哲学、历史学等方面的知识。因此，生态文明教育的内容必然是多学科交叉的综合性知识。

2.目的性原则

目的性原则是指生态文明教育的总体内容和每一项内容的实施，都必须有明确的目的。生态文明教育内容系统是由若干要素组成的，这些要素本身都应该有明确的目的。如资源环境现状教育要使教育对象对我国当前资源、环境、人口与社会经济发展的不协调形势产生认同感，并自觉地为保护环境和节约资源贡献力量；生态消费教育是要帮助教育对象树立正确的消费观，使其能够在日常生活中自觉履行适度消费的原则，以达到既能满足自身正当需求又不给生态环境带来额外压力的目标。

在内容系统中，不应该存在没有明确目的的内容，因为这样的内容没有存在的意义，同时，这样也会使得整个内容系统繁杂。需要说明的是，虽然内容系统各组成要素均有自己明确的目的，但这不意味着内容系统有多个目的。所有生态文明教育的内容最终都要服务于培养具备科学生态观的现代生态公民这一目的。而各内容要素的具体目标均是这一教育目的的展开或具体化，都必须与这个目的相一致。

目的性原则要求生态文明教育者一定要正确把握教育内容系统的具体目标，使之与生态文明教育的最终目的一致。同时又要善于把内容系统的根本目标分解到各个要素上去，使每个要素的目标都能与具体的工作、生活紧密联系起来，与内容系统的目标构成一个协调一致的目标体系，从而使教育对象逐步实现各个层次的目标，最终实现生态文明教育系统的终极目标。

3.层次性原则

层次性原则是指在构建生态文明教育内容体系时，要注意层次性；在进行生态文明教育时要根据不同的教育对象确定、实施不同的教育内容。生态文明教育内容系统由不同层次的要素构成，主要包括生态知识教育、生态技能教育、生态道德教育、生态法制教育、生态经济教育等内容，同时它们各自又由一些具体要素组成，这些具体要素有的又包括更小的要素。如生态知识教育包括生态环境基本常识教育、大众科普知识教育和专业技术教育等层次；生态经济教育包括低碳经济、循环经济和生态经济等方面的教育。这种体现生态文明教育内容及其要素领属关系、从属关系和相互作用的结构形式，就构成了生态文明教育内容系统的层次性。

厘清生态文明教育内容系统的层次性，对于发挥内容系统的整体功能具有重要意义。在生态文明教育内容体系中，每个层次的要素都有从体系中分解出来的目标。即使是同一层次的要素，也既相互关系，又相互区别，各具功能。因此，进行生态文明教育，必须处理好各个内容要素之间的功能联系，确定好每项内容要实现的教育目标。只有这样生态文明教育内容系统的整体功能才能得到更好的发挥，生态文明教育才能收到更好的效果。

明确生态文明教育内容系统的层次性，有助于生态文明教育者针对不同教育对象采用不同层次的教育内容，把生态文明教育的针对性要求和广泛性要求结合起来，使不同层次教育对象的生态文明素质得到有效提高。人的生态文明素质的形成和发展是一个循序渐进的过程，生态文明教育内容也应该遵循从较低层次向较高层次发展的原则。因此，生态文明教育内容的遴选与确定要从实际出发，使教育内容的层次与教育对象的层次具有契合性，从而保证生态文明教育的内容发挥应有的作用。

（二）生态文明教育内容的基本构成

结合生态文明教育内容的确定原则，当前我国生态文明教育的基本内容主要包括以下方面，对于不同的教育对象群体其具体教育内容应该有所侧重。

1.生态知识教育

对社会成员开展生态文明教育，首先要对其普及生态环境、物质能量流动、人口资源等方面的基本知识教育。由于文化层次的不同，许多人对于生态、环境、生态平衡与生态危机等方面的知识知之甚少，特别是在一些生态理念落后地区，人们只关心自己的温饱和收入，而对于环境、资源、生态等问题关注不够。只有在普及生态环境基本知识的基础上，才能促使人们明白生态危机是人类的不当行为造成的恶果，若不能有效遏制将会断送人类的未来，而有效维护生态平衡才是人类文明发展与社会进步的基本保障，其中人的行为方式在维护生态平衡的过程中起着关键作用。人们只有顺应自然、尊重自然才能在与自然和谐相处的过程中实现自身利益和经济社会的长期繁荣发展。有了相关知识背景，人们才能够比较容易地接受生态文明理念，从而做到节约资源、保护环境，否则，生态文明教育很可能是对牛弹琴，效果甚微。

具体来说，生态文明知识主要包括以下两大方面：

（1）自然生态与资源环境方面的基本常识，如生态、资源、环境的概念，生态系统、生态平衡、生态危机、生物多样性等知识。

（2）维护生态平衡的基本规律，主要包括六个方面：①生物圈的相互依存和相互制约规律；②相互适应与补偿的协同进化规律；③物质输入和输出动态平衡规律；④物质循环与再生规律；⑤环境资源的有效极限规律；⑥自然生态系统与社会生态系统协调发展规律。认识生态平衡的基本规律是人类尊重自然，自觉与大自然为伴，确立人与自然共生共荣和谐发展的基本要求，是确立生态文明价值观的知识基础。

2.生态现状教育

生态现状教育是激发社会成员对生态环境问题的危机感，树立对国家、民族生态安全责任意识的必要前提。只有对问题现状有深刻的认识，才能对问题可能导致的负面后果产生危机感，进而激发其解决问题的责任感和使命感。而人们一旦产生危机感和责任感，就会主动去关注这一问题，从而调动人们解决问题的主动性、积极性和创造性。在开展生态环境现状教育的过程中，只要把我国当前的生态环境现状讲得比较全面，把道理讲清讲透，不但不会使人们产生悲观情绪，更有利于激发人们投入生态文明建设的积极性。从生态文明搞得好的国家或城市来看，都离不开社会成员对生态环境现状的深刻认识。所以在全社会开展生态环境现状教育是生态文明教育的基本要求和基本内容。

对社会成员开展生态文明教育时，应该让受教育者了解当前生态环境的现状，包括人口数量、生态破坏、温室效应、资源枯竭等带来的各种生态危机，还有我国的灰霾天气、水体污染、生物多样性减少等现象。当然对不同的教育对象群体进行现状教育也应该各有侧重，如对农民应该侧重于水污染和化肥农药污染方面，对领导干部则应该从整体上突出我国人口与社会经济发展之间的种种矛盾现状，对企业经营管理者则应该强调当前我国资源利用与环境污染等方面的严峻形势，而对于学生群体则应该根据不同的年龄段进行全面教育。

3.生态消费教育

所谓生态消费，实际上指的是一种既能适应物质生产和生态生产的发展水平，又能在满足消费者需求的同时不对社会环境和生态环境造成威胁的绿色消费行为。可以说，它是一种全新的消费理念，其主要意义在于通过倡导健康文明的生活方式节约资源、保护环境。正是基于人与生态环境应该协调发展这一基础，生态消费观提倡消费者选择科学理性的生活消费方式，积极践行国家倡导的适度消费、低碳消费、绿色消费等科学消费理念，培育健康积极的消费心理。

生态消费在全社会的普及能够带动生产模式的变革，对产业经济结构的优化升级具有积极的促进作用。当生产领域不再生产高耗能、高污染的产品时，低碳消费、绿色消费也就从客观上形成了。具体来说生态消费包括三个方面含义：①倡导消费者在消费时选择未被污染或有助于公众健康的绿色产品；②在消费过程中注重对垃圾的处置，不造成环境污染；③引导消费者转变消费观念，崇尚自然、追求健康，在追求生活舒适的同时，注重环保、节约资源和能源，实现可持续消费。

消费关系到每一个社会成员，我们每天都在吃穿住行等方面进行不同层次的消费，健康科学的消费观念对于社会经济的发展和资源环境压力的缓解具有重要影响。需要在全社会大力开展生态消费教育，大力提倡适度消费、绿色消费，从而给生态环境和社会资源减压，以促进社会经济的可持续发展。

4.生态道德教育

德育在我国整个教育内容体系中居于首要地位，同样，生态道德教育也是生态文明教育的重要内容之一，在整个生态文明教育内容体系中处于核心地位。生态道德教育就是把人与自然万物的关系上升到道德高度，进而把这一理念向广大社会成员普及的教育。具体来说，生态道德教育是指一定的社会或阶级，为了使人们在实践活动中遵循生态道德行为的基本原则和规范，自觉地履行维护生态平衡的义务，有组织、有计划地对人们施加系统的生态道德影响，使生态道德要求转化为人们的生态道德品质的实践活动。生态道德教育，对于培养人们正确的生态道德意识，养成良好的生态道德行为习惯，维护人类生存发展的正常环境，具有重要的理论价值和现实意义。

生态道德教育的内容非常丰富，目前已基本形成共识的生态道德教育内容具体包括以下方面：

第一，生态善恶观。善与恶是衡量道德规范的一个重要尺度。生态善恶观认为，人与自然环境是整个生物圈中不可分割的一部分，都具有其不可忽视的内在价值。人们如果能够尊重和热爱自然界中的一切生命，实现人与自然的和谐共处，就是"善"。"善"是保持生命、促进生命，使可以发展的生命实现最高价值。

第二，生态平等观。平等作为一种道德范畴，是人类社会的一种基本价值追求，是调节人们相互关系的一种行为准则，也是分配权利和义务时所必须遵循的价值尺度。生态平等观认为，人与自然是平等的，人类应该尊重生态系统中的一切生命，即尊重所有的动物和植物，以保证生态系统的和谐发展。因此，生态平等观要求人类决不能将自己摆放在其他生物之上，更不能只顾自己的需要而不顾其他生命的存在。

第三，生态正义观。正义作为一种道德范畴，是指符合社会大多数人群及阶层的道德原则和规范的行为。其体现了对社会弱势群体的关爱。从某种意义上讲，正义就是善。生态正义观就是个人和社会集团的行为原则要符合生态系统平衡的原理，符合生物多样性的原则，符合全球意识和世界人民保护环境的愿望，符合"只有一个地球"的世界生态共同利益。生态正义观要求人类的生产活动必须遵循自然规律，坚持可持续发展原则，最终实现人与自然的和谐共生。

第四，生态义务观。与权利相对，义务是指人们在政治和法律上所必须承担的责任与使命。人类之所以要承担生态义务，是因为人类并不是孤立存在的，而是无时无刻不在与自然界和其他生物发生着关联。生态义务观认为，人类是大自然中的一员，生态环境与人类的生存和发展息息相关。因此，人类在开发和利用自然的同时，必须履行相应的责任和义务。也就是说，人类应该履行热爱自然、保护自然的生态义务。

总之，广大社会成员生态文明素质的提高和生态文明行为的养成，需要生态道德的感化和践履，只有通过教育等方式使公众树立正确的生态道德观念，才能有效促进人们生态文明行为习惯的养成。

5. 生态法治教育

为了保护自然资源和生态环境，除了要对人进行生态科学知识和生态道德等方面的教育外，还必须实施生态法治教育。

法治是以民主为前提和基础，以严格依法办事为核心，以制约权力为关键的社会管理机制、社会活动方式和社会秩序状态，是人类政治文明发展到特定阶段的产物，是与人治相对立的一种治国理念和方略。公正是法治最普遍的价值表述，限制公权力是法治的基本精神，尊重和保障人权是法治的价值实质。法治的核心在于宪法和法律的尊严高于一切，具体体现是：在法律面前人人平等；一切组织和机构都要在宪法和法律的范围内活动；立法要遵循民主程序；有法可依、有法必依、执法必严、违法必究等。

生态法治是以国家强制力为后盾，通过生态立法、生态执法以及生态司法的共同实施和作用，调整和规范人与人之间的社会关系，使人类活动，特别是经济活动符合自然规律，从而协调人类与自然之间关系的过程。"公民生态法治理念的形成对建设'美丽中国'和'社会主义法治国家'的顺利推进起着关键性作用。"

作为一个结构系统，生态法治的运行涵盖了从环境立法、环境执法、环境司法、环境守法到环境法律监督的各个方面，是国家机关在立法、司法和执法以及大众的环境守法过程中，充分考虑到保护环境、防治污染、合理利用和保护自然资源的生态要求，通过相应法律规范的制定和实施，实现环境治理和生态建设各个环节的法治化和生态化，以法律手段对社会关系进行调整，最终实现人与自然的和谐共生。

生态法治的目标是协调人与自然的关系，维护和实现自然生态平衡，依法治理和预防环境污染和生态破坏。生态法治建设的根本宗旨是谋求真正的可持续发展，使生态文明建设走上法治轨道。

生态法治是生态理念与法治理念在新时代背景下的有机结合。一方面，生态法治意味着生态学和生态主义价值观对法律体系的影响和渗透，是生态理念在法治建设领域的具体实现；另一方面，生态法治意味着法治理念在环境保护领域的贯彻与应用，是借助法治手段调节生态利益、生态关系的过程。可以说，生态法治是法治趋向生态化和生态保护趋于法治化的一个双向过程。

立法的生态化是生态法治建设的基础。立法的生态化，即指各种不同的法律部门在立法过程中，均应考虑国家在保护环境、防治污染、合理利用和保护自然资源方面的生态要求，都要制定相应的法律规范对生态社会关系进行调整。立法的生态化，不但需要在环境立法方面保护环境、规范和约束人的行为，还需要其他有关法律也从各自的角度对生态保护做出相应规定，使生态学原理和生态保护要求渗透到各有关法律中，通过法律对人的行为进行控制和调节，用整个法律体系来保护自然环境。

执法的生态化是生态法治建设的关键。执法生态化是生态学向行政法学延伸、扩展和渗透的综合性产物。具体是指执法主体在执法理念、执法机构、执法行为与执法技术等执法的各个环节都贯彻生态文明思想、遵循生态理性、坚持生态原则的指向性活动。

司法的生态化是生态法治建设的核心。司法的生态化是生态文明建设的司法权威保障，包括司法人员组成结构的生态化、法官知识结构的生态化以及司法机制的生态化。司法机制的生态化体现在设置环境资源专门的审判机构、建立健全与行政区划适当分离的司法管辖制度、确立有利弱者的司法原则和完善环境公益诉讼制度等方面。

在生态法治社会里，无论是政府、企业还是个人，都要严格遵守生态法律，依生态法律法规办事。

生态法治是生态学和法学的交叉性研究领域，引发了两个学科领域众多学者的关注。如果把生态法治作为一个系统，那么其子系统知识包括生态文化子系统和法治文化子系统。生态法治是理念、制度和行为三者的有机统一，是关于生态方面融注在人们心底和行为方式中的法治意识、法治观念、法治原则、法治精神及其价值追求，基于此，生态法治是一个国家中关于生态文化方面的法治价值、法治理念、法治意识等精神文明成果，法律制度与规范等制度文明成果，以及人们自觉遵守法律、执行法律与认真运用法律等行为方式共同构成的一种关于生态文明的文化现象和法治状态，是生态文化的法治理念、制度和行为的有机统一。

我国强调必须将法治理念融入政治、经济、社会、文化、生态等方面建设之中，从而构建法治型的政治、经济、社会、文化、生态体系。因此，作为"五位一体"重要组成部分的生态文明必须以法治建设为根基，把生态文明建设放在突出地位，融入经济建设、政治建设、文化建设、社会建设各方面和全过程，既要在政治、经济、社会、文化建设中关注其生态性基本特性，又要进一步夯实生态文化建设的法治根基，从而为"五位一体"的现代化建设提供有效的法治支撑和保障。

生态法治意识是生态法治中最重要、最核心的内容，其实质是生态法治共识、价值取向及行为方式。也因为如此，生态法治教育必须以培养人们的生态法治理念、传授已有的法律制度和践行生态文化教育的法治体系等为基本要素与运行机制。

法治理念根植于一定社会的经济、政治、文化等诸方面的必然性要求之中，它是法治的灵魂，是法治进程的精神动力和思想指导，所要解决的是为什么实行法治以及如何实现法治的问题。生态法治意识教育是生态意识体系的有机组成，是确保人们自觉参与到生态法治文明建设的思想理念保障。换言之，生态法治理念教育就是要通过生态方面的知识教育，使人们知法、懂法、守法，就是强化人们对我国以环境治理法律法规体系的认同理念，强化人们的环境知情权、监督权，并能够自觉依法维护自身生态权益的诉讼权，从而引导和规范人们的生态文明行为。因此，生态法治教育是培养人们对相关法律的崇尚意识与情感态度，增强人们遵法守法意识、自觉运用相关法律武器的意识以及自觉维护相关法律尊严的意识。

对社会成员开展生态法治教育要根据对象群体的特点和教育条件开展以下方面的教育：

（1）对公众普及环境权方面的教育，环境权作为一项新的人权，是伴随着环境危机而产生的新概念，是公民享有在不被污染和破坏的环境中生存和利用环境资源的权利；它包括两方面的内容：环境生存权和环境利用权。

（2）对社会成员普及生态环境方面的法律法规，主要包括《中华人民共和国环境保护法》《中华人民共和国大气污染防治法》《中华人民共和国水土保持法》等。

（3）向公民强调个人应负的法律责任，即让人们明白在个人违反生态环境与资源保护等方面的法律法规，造成环境污染和生态破坏时，依据相关规定要承担相应的法律后果。

6.生态经济教育

生态的失衡、环境的污染和资源的枯竭在很大程度是由于人类的经济发展方式粗放，生产技术落后，重经济增长而轻环境保护等原因所致。因此，转变传统经济增长方式，大力发展生态经济是建设生态文明，实现和谐发展的必由之路。显然，对全体社会成员特别是领导层和企业管理者，加强生态经济方面的宣传与教育对于经济发展方式的转变和节约环保生活习惯的养成具有重要意义。生态经济是把经济社会发展和生态环境保护及建设有机结合起来，使之互相促进的一种新型经济发展方式。它强调生态资本在经济建设中的投入效益，生态环境既是经济活动的载体，又是重要的生产要素，建设和保护生态环境也是发展生产力。生态经济强调生态建设和生态利用并重，在利用时兼顾环境保护，力求经济社会发展与生态建设及保护在发展中达到动态平衡，以实现人与自然的和谐发展。

近年来，低碳经济、循环经济和生态经济等多次在党和国家的政策文件及领导人的讲话中出现，这充分表明国家领导层已经认识到了发展绿色经济、生态经济的重要性，认识到实现国家经济发展方式的生态化转型是建设美丽中国的关键。各地区、各部门要动员社会各方面力量，大力开展形式多样的节约资源和保护环境的宣传活动，提高全社会对发展循环经济重大意义的认识，把节约资源、保护环境变成全体公民的自觉行为。要将树立资源节约和环境保护意识的相关内容编入教材，在中小学中开展国情教育、节约资源和保护环境的教育。要组织开展相关管理和技术人员的知识培训，增强意识，掌握相关知识和技能。

（1）选择生态经济的生产方式。现代社会再生产，是由精神资料再生产、社会人口再生产、生态环境再生产和物质资料再生产四个方面共同构成的紧密联系的有机整体。这个紧密联系的有机整体又主要分为社会经济有机体和生态环境有机体，这两部分之间的关系是：生态环境有机体是社会经济有机体的最重要的物质基础，从事社会再生产活动所产生的各种物质需要和能量来源都是由生态环境有机体来提供的。

在生态环境自身的平衡没有遭到人为的活动的破坏的时候，生态环境会对整个社会的生产生活的活动过程起到良好的积极的推动作用，生态环境所提供给人类的一切物质基础和能量来源是不需要经过人类自身的生产生活的活动过程就能够获得的。

但是当人类在社会发展过程中所产生的有害物质超过了生态环境承载范围，破坏了生态环境自身的能量转化和自然资源的循环利用，生态平衡无疑也将遭到极其严重的破坏，人类就无法保证社会再生产的顺利完成，社会经济有机体所产生的物质需要和能量需求就无法得到充分的满足，这也就必然会导致社会再生产进入到混乱无序的状态当中。因此，当人类从事生产生活的活动时，一定要对生态环境再生产这一重要的组成部分予以足够的重视，达到社会经济有机体和生态环境有机体之间的平衡，切实的推动人类的社会再生产活动达到和谐、永续发展。

（2）建设生态经济家庭。家庭教育是生态经济教育的重要的有机组成部分，父母是孩子最重要的老师，父母自身的行为和活动会对孩子产生潜移默化的影响。作为家庭当中的一分子，人们必须承担起加强家庭中的成员的生态经济素养的重大责任，以自己的生态经济的理念潜移默化的影响其他的家庭成员，使其他的家庭成员和自己共同参与到与生态经济素养相关的主体性实践活动当中来，从而真正地实现人们生态经济教育的外化作用和积极意义。以生态消费观的观点来看，人类的消费行为和消费活动要做到遵循保护生态环境、节约自然资源，人类的消费行为和消费活动必须做到绿色消费、全面消费、协调消费和可持续性消费。人类的消费行为和消费活动必须注重保持人们之间的代内平等和人与人之间的代际平等，所以需要做到平等的消费和公平的消费。人们的消费行为和消费活动不仅仅需要满足自身的能量需要和物质需求，更需要重视和关注人类的精神世界和心灵家园的长远发展，所以也就必须做到健康的科学的消费和以现代文明理念为核心的消费。

7.生态政治教育

生态政治教育主要是对国家各级党政领导干部开展的生态文明培训教育，目的是把生态文明理念切实贯彻到治国理政的具体实践活动中。领导干部的指导思想与发展理念在很大程度上决定了一个地区乃至一个国家的发展方向与发展水平。从政治与经济的关系来看，政治对于一个国家的经济发展具有巨大的反作用，政治理念影响、制约着经济的发展。因此，对国家各级领导干部积极开展生态文明教育培训，把生态文明理念融入各级政府的行政行为中具有重大意义。

生态政治教育内容的落实要注意以下三点：

（1）加强各级地方政府的生态意识教育，明确其在自己治理区域内的生态责任，包括对自然的责任意识、对市场的生态责任意识和对所辖区域内公众的生态责任意识。

（2）加强各级政府领导人的生态政绩观教育，一方面，要树立先进科学的政绩观；另一方面，要确立环境价值观念，明确环境价值在经济发展中的成本。

（3）加强各级政府的生态文明行为教育，其中，实现政府行为的生态化是生态文明行为塑造的关键，要切实推行政府决策行为、执行行为和施政考核等方面的生态化倾向。

第五章　生态文明教育的实施研究

· · · · · · ● ● ● · · · · ·

第一节　生态文明教育的实施机制

一、生态文明教育的保障机制

"生态文明教育是在全社会传播生态文明知识、普及绿色发展理念以提高国民生态文明素质的公益性教育活动。推进生态文明、加快绿色发展必须全面实施生态文明教育。"[①]为了保证其顺利运行、健康发展，就必须建立保障其运行的多种机制。具体来说，主要包括法制保障、经济保障和队伍保障等。

（一）法制保障

生态文明教育的法制化是落实生态文明政策、贯彻生态文明理念的制度保障。目前我国还没有关于生态文明教育的专门法律，为此国家需要建立健全相关法律法规，尽快使生态文明教育走入法制化轨道。法律具有权威性、强制性等特点，建立健全相关法律法规不仅可以为生态文明教育的实施确立法律地位，而且更重要的是在实践中可以通过法律手段约束、惩处人们不履行节能环保责任的行为，为生态文明教育的健康发展提供法律保障。建立健全生态文明教育的法律体系不仅是解决环境群体性事件的现实需要，也是我国法制体系在新形势下自我完善的需要。

法律、法规是生态文明教育顺利实施的重要保障，建立健全生态文明教育相关的法律法规不但具有理论上的重要性，而且在现实中也非常必要。从我国生态文明教育的状况来看，相关法律法规的制定应该突出以下方面的内容：①提供生态文明教育经费的来源保障；②规定公民的权利义务以及合理的奖惩机制；③强化生态文明教育的体系化

---

① 杜昌建．论构建我国生态文明教育机制的三个维度 [J]．沈阳师范大学学报（社会科学版），2018，42（05）：107.

建设，建立家庭教育、学校教育与社会教育一体化的联动模式；④建立公众参与的激励机制；⑤建立生态文明教育多元监督机制；⑥为生态文明教育确立明确的理念与原则；⑦以提高素质、培养人才为核心，要求各个领域都要开展不同层次的生态文明教育。同时，在建立健全生态文明教育法律法规的前提下，要有法必依、执法必严、违法必究，在维护法律尊严的基础上充分发挥其应有的作用。

（二）经济保障

经济基础决定上层建筑，生态文明教育作为国家上层建筑的组成部分，它的实施同样需要经济基础作保障。任何社会活动包括政治活动、经济活动、文化艺术活动等，都需要一定的资金保障，生态文明教育也不例外。如果不考虑资金问题，没有必需的教育经费，生态文明教育实践就会难以推行。为此国家需要建立健全专项资金投入渠道，完善资金保障措施。按照分级负责，分级投入的原则，积极探索生态文明教育的资金投入机制，以保障生态文明教育工作的顺利开展。鉴于生态文明教育的全民性与公益性，政府必须在教育投资与基础设施建设上担当主体角色。因此，政府需要从整体上加大对生态文明教育的投资力度，应该把这项投资纳入公共财政预算体系并成为一项规范性的制度。

各地政府也应通过政策扶持、资金补助等方式加快当地生态文明教育发展，特别要扶持学校生态文明教育优先发展。同时，充分调动企业对生态文明教育投资的积极性，使其认识到在投资生态文明教育事业发展的同时，可以实现自身的社会效益与生态效益，而良好的社会效益不仅可以转变为现实的经济效益，而且是企业一笔长期的无形资产。此外，通过舆论宣传与实践活动广泛吸纳社会人士的捐助资金，充分利用国际环保基金会等环保组织提供的援助也是生态文明教育资金筹集的重要来源。

资金保障是实施生态文明教育工程众多保障措施的重要一环，充足的资金保障，可以为生态文明教育在家庭、学校和社会中的顺利实施提供坚实的经济基础。如何合理而有效地完善生态文明教育的资金保障机制，建立生态文明教育的资金保障体系，是国家相关部门要周密部署的问题。其中，极为重要的一点是要积极争取各级政府对生态文明教育的政策和资金支持，依法足额提取和使用生态文明教育培训经费，鼓励企业积极向生态文明教育投资。通过以上方式，可以确保生态文明教育资金保障措施的建立和完善，从而推动各级各类生态文明教育的深入发展。

（三）队伍保障

对任何一种教育活动来说，教育者的水平在很大程度上决定了教育效果的优劣。由于生态文明教育的全程性与全民性特点，各级领导干部的生态文明意识水平在一定程度上也影响着生态文明教育的开展情况与教育效果。因此，造就具有广博的生态知识、开阔的生态视野和高尚的生态情怀的领导队伍和施教队伍是有效开展生态文明教育的重要保证。只有领导层自身能够深刻认识到生态文明的重要性，才能够重视和支持各单位各部门生态文明教育工作的开展。所以，领导干部需要定期接受生态文明教育培训，以提高自身的生态文明素质和相关领导能力。同时，施教队伍的建设是整个生态文明教育的基础，因为雄厚的师资不仅可以保障生态文明教育的顺利开展还可以大大提高生态文明教育的效果。既然各级领导干部和师资队伍的生态文明素质水平对生态文明教育的效果具有重要影响，那么，必须首先通过各种方式和途径提高各级领导干部和师资队伍的生态文明素质。

1.领导层的生态文明教育

（1）自上而下建立领导干部生态文明知识学习培训制度，分批次、分层次对各级领导干部定期进行相关知识与理念的宣传培训。

（2）把领导干部的生态文明素质与生态文明政绩列入干部考核的范围之中，积极推行"逆生态发展"考核一票否决制。

（3）通过媒体在全社会树立生态文明高素质干部标兵，为各级领导干部营造良好的学习舆论氛围，鼓励各级领导干部通过自我学习与向典型学习相结合的方式提高自身素质。

2.建设生态文明师资队伍

加快生态文明教育施教队伍建设，需要制订《生态文明教育师资培训计划》，依据培训计划有步骤分批次开展师资建设。

（1）通过培训学习提高生态文明教育教师的综合素质。对教师培训要分批次、有重点地开展，可以先培训骨干教师，然后再通过骨干教师培训普通教师；在培训内容方面要把学习知识与灌输理念相结合，在向教师们进行生态科学、环境科学等基础知识传授的基础上，使其树立热爱自然、关心环境的生态价值观；建立健全生态文明教育资料库，把有关生态文明教育的影像资料、图书、调查数据等收集归类，供广大教师学习参考；有目的、有计划地组织接受培训的教师参观生态园、森林公园以及生态型企业公司，使其从实践中领悟人与自然的关系和人类应承担的生态道德责任。

（2）壮大生态文明教育的教师队伍。全体社会成员都是生态文明教育的对象，对全体社会成员开展生态文明教育需要的教师数量庞大，因此，要采取多种方式与渠道扩充教师队伍，特别是要充分发挥高校培养教师人才的优势，在高等教育中广泛开设生态学、生物学、环境教育学等方面的课程，尤其是在师范类院校要大力培养生态文明教育所需的教师人才。只有尽快建设一支数量庞大、素质较高的师资队伍，生态文明教育才能在全国范围内顺利开展。

二、生态文明教育的动力机制

在社会科学领域，动力机制通常是指推动和促进事物运动、发展和变化的内外动力构造、功能和条件及其相互作用的机理。动力机制的稳定存在和作用发挥，可以使事物的运动、发展和变化从自发到自觉、从被动走向主动。如市场经济的动力机制指的就是推动市场优化配置资源以不断实现市场经济良性、协调发展的构造条件；民主政治的动力机制指的就是促进政治文明以及政治现代化的构造条件和功能；文化发展的动力机制指的就是促进具有中国特色社会主义文化形态健康发展、有效促进社会主义文化整合的各种构造条件和功能等。生态文明教育的动力机制就是驱使个人、企业单位和政府部门等主动学习生态知识，贯彻生态理念，自觉接受生态文明教育的各种条件与作用机理。

（一）个人利益驱动

利益即好处，是对主体有积极影响的相关事物。虽然从不同的角度可把利益分为不同的种类，同时，不同的人对利益的层次追求也有所差别，但是，从个体公民的生存与发展的角度来看，个人的基本利益主要包括物质利益和精神利益两方面。人的一切行为活动首先是为了利益，利益是一切社会关系的首先问题。对利益的追求形成人们的动机，成为推动人们活动的重要动因。因此，在生态文明教育过程中，要使个体公民主动践行生态文明理念，自觉养成节约资源与保护环境的习惯，从关系人们切身利益的物质层面与精神层面出发，把生态文明理念融入个人衣食住行以及价值追求的各个方面，将会大大提高生态文明教育的效果，会使社会成员出于涉及自身的某种利益而自觉爱护环境、节约资源，从而使生态文明理念与行为在全社会的普及由被动变为主动。通过涉及个人利益的方式驱使社会成员主动践行生态文明理念具有见效快、效率高的特点，同时，可以使广大公民在慢慢养成生态文明行为习惯的过程中逐渐明白这样做的原因。

这里的利益驱动也就是通过物质与精神激励的方式，刺激教育对象主动接受生态文明理念，从而养成生态文明行为习惯。从家庭生态文明教育来看，家长可以对子女"约法三章"，并据此对子女的日常行为中有利于节能环保的方面进行适度的物质奖励与精神鼓励，以此强化其良好的生态文明行为，同时，要对其负面行为采取适当的惩罚。

从学校生态文明教育来看，各级各类学校应该制定包括全校师生在内的生态文明行为传播与践行奖励措施，对于在教育教学中较好地将生态文明理念融入各科教学的教师要给予适当的物质奖励和荣誉称号，可以设立专项奖励基金和开展"校园生态文明教学名师"评选活动，以此激励全校教师对生态文明理念的传授与普及。对于在学习生活中主动传播与践行生态文明理念的学生个人，也应给予一定的物质奖励与精神鼓励，从而刺激、带动其他学生加入生态环保的行列。从社会生态文明教育来看，对于社会中涌现出来的"绿色英雄""环保大使"，国家和社会也应该对其公益行为给予充分的肯定与鼓励，并设立生态环保专项基金，用于激励、推动更多的人从事生态文明理念的传播与践行。

总之，在实施生态文明教育的过程中，从关系个体社会成员的物质利益与精神利益出发，使其立足个人切身利益去认识环境、资源和生态平衡的重要性，更有利于其把生态文明理念外化为现实的行动，变被动接受为主动实践。

（二）企业效益驱动

作为国家经济社会发展中最活跃的细胞，企业一方面是推动我国经济社会发展和进步的主体力量；另一方面也是环境污染和资源耗费的主要责任方。数量庞大的大、中、小、微型企业，尤其是大型重工业企业是国家能源资源（如水、电、煤、油）的消耗主体，同时是工业废水、废气、废渣等污染源的主要排放者，可以说，各类企业的节能减排水平与发展理念在很大程度上决定了我国生态文明建设的成败。尽管越来越多的企业在向绿色化发展方向转型，但是还有不少企业，特别是众多的地方中小企业仍然在延续着传统的粗放型经济发展模式，高投入、高污染、高耗能、低产出的现状尚未根本改观，同时存在大量的重复性建设。造成这种状况的原因很多，但是很重要的一点是多数企业在发展中缺少生态化发展理念，过多地注重企业的经济效益而忽视了企业的社会效益和生态效益。从这一意义上来说，实现我国各类企业的生态化转型，推动企业绿色化发展，除了需要国家制定与实施相关的法律法规及各种金融财税政策的支持与配合外，还需要大力开展企业生态文明教育，提高企业经营管理者及企业员工的生态文明素质。因此，通过大力实施企业生态文明教育使各类企业在追求经济效益的同时将生态效益和社会效益融入企业发展理念中显得重要而迫切。

然而，由于各类企业经营管理者的素质参差不齐及许多企业对市场经济"逐利性"的片面理解等原因，靠企业自觉开展生态文明教育，贯彻生态文明理念，从而实现清洁生产和绿色发展的可能性较小。因此，国家可以通过涉及企业发展及员工利益的驱动机制，刺激企业领导者主动学习、贯彻生态发展理念，走绿色发展之路，这是使企业积极开展生态文明教育极为有效的手段。从个体企业发展来看，国家可以通过减免税收和提供无息贷款等财税政策扶持企业发展低碳经济、循环经济、绿色经济，鼓励企业进行清洁生产和绿色产品认证等。同时，对企业的原材料采购、生产过程和产品的市场准入进行能耗和环保指数评估，让消费者越来越广泛地认识并接受绿色产品而远离成本高、不环保的非绿色产品。

在市场经济的激烈竞争压力下，高污染、高耗能企业必然会向绿色发展方向转型。从企业的经营管理者来看，国家可以建立企业负责人绿色考核制度，对各类企业特别是国有大中型企业及控股公司的主要负责人要进行生态文明素质年度考核，对于不达标者要向社会公布，多次不达标者责令其辞职。同时，国家可以倡导各类企业之间开展"生态企业家""绿色发展标兵"等年度评选活动，这样一方面激发了优秀企业管理者今后的发展干劲，同时也刺激了落后企业向生态化方向的转型升级。从企业员工来看，企业要积极鼓励员工进行节能减排技术的研发与创新，设立专项奖励基金，激励员工主动学习新技术、贯彻新理念。同时，对于有创意的生态化企业管理理念和普通员工的节水节电等行为习惯也要大力表彰、奖励，以促进企业节能环保发展氛围的形成。

总之，企业生态文明教育的效益驱动机制就是要通过各种方式使企业将经济效益、生态效益和社会效益有机结合，用较少的资源和环境容量创造较高的经济效益，从而使自然生态系统和社会生态系统处于良性运行状态。对任何一家企业来说，经济效益的本质是追求利润，社会效益的本质是维护人道，生态效益的本质是顺应天道（自然规律）。三者的统一和整合就是把利润的追求纳入护人道、顺天道的更高的价值目标之中。

（三）国家发展驱动

生态文明教育是一项由政府主导的社会系统工程，它关系到国家发展的公共利益、整体利益和长远利益。从根本上说，党和国家是生态文明教育最重要、最大的主体，必须发挥其对生态文明教育总体上的领导、组织、统筹等作用，并有效协调、干预生态文明教育的进程和效果；生态文明教育具有一定的跨区域性甚至跨国界性，政府的参与和主导，具有其他组织与个人都无法比拟的合法性。因此，需要充分发挥政府在生态文明教育中的主导作用。

从国家的角度建构生态文明教育的驱动机制主要是各级领导干部，特别是教育、环保与宣传等部门的领导干部要充分认识到开展生态教育的重要性与必要性，从而把生态理念、环保意识融入国家及地区的整体规划与发展战略中。对国家生态文明教育方案的制定者与整体策划者来说，可以从两个方面认识开展生态文明教育、提高全民生态文明素质的重要性。

一方面，从国家繁荣与民族振兴的层面来看，建设美丽中国，推动中华民族的永续发展这一目标的实现必须实现思维方式、生产方式与生活方式的生态化转变，要发展低碳经济、循环经济、生态经济，实现清洁生产与经济社会的可持续发展。而所有这一切的实现需要通过生态文明教育培养出适应时代需要的生态公民来完成。我国早就提出要把教育事业放在突出的战略位置，而在当前形势下应该把生态文明教育放在教育事业中优先发展的位置。因为国民生态文明素质的提高是实现中华民族伟大复兴的重要条件。

另一方面，从国际社会来看，我国人口众多，资源消耗量巨大。为了在国际社会上树立负责任的大国形象，更是为了拯救地球和人类的未来，我国正在大力发展低碳经济、循环经济，积极履行节能减排的义务，事实上我国在经济社会发展的巨大压力下承担了比发达国家更多的减排任务。上述原因正是推动我国自上而下开展生态文明教育、提高全民生态文明素质的外部驱动力量。总之，只有国家领导层及相关部门从民族振兴与国际影响等层面认识到了实现可持续发展需要培养较高生态文明素质的现代公民，才能有效推动生态文明教育的健康发展。

三、生态文明教育的评价机制

（一）生态文明教育评价机制的内涵

评价是指衡量人物或事物的价值，即对人物或事物作出的主观的"是好是坏"的价值判断。所谓评价是以对象的数量或者性质为基础对其开展价值评判的活动。评价包含事实判断与价值判断两个层面，事实判断就是对评价对象在数量、品质方面从客观上作出记述，这种评价要求客观公正，以事实为依据。与事实判断不同，价值判断不仅从客观方面对事物进行判断，而且要从事物对主观需要的满足程度上作出判断。不可否认，人们对同一个人物、同一件事物，可以作出完全不同甚至是截然相反的"价值判断"。我们这里所指的评价，是在人们的主观认识最大限度地符合客观现实的情况下，作出的价值判断。因而，这种价值判断，是比较客观的，比较一致的。评价的应用范围越来越广，特别是在教育教学方面，评价是教育活动的关键环节，对各级各类学校提高办学水平和人才培养质量发挥着重要的引导作用。评价标准、评价方式方法的变革能够更好地促进人才培养模式和办学体制机制的改革，推动教育质量的提升。

一般来说，教育评价就是根据一定的教育目的和标准，采取科学的态度和方法，对教育工作中的活动、人员、管理和条件的状态与绩效，进行质和量的价值判断，以促进教育的改进与发展。

根据上述关于评价及教育评价的内涵，我们认为，生态文明教育评价就是按照生态文明教育的目标、性质、内容及原则，运用适当的方法，对所实施的教育活动的各要素、过程和效果进行价值评判，旨在判断教育过程及各要素实现教育目标的程度，最终为改进和提高生态文明教育成效提供依据。生态文明教育作为一项新兴的教育活动，其教育效果如何，有待于进行科学考评。这需要我们建立一套科学的生态文明教育评价指标体系，即要以生态文明教育目标为导向，反映生态文明教育工作绩效的标准和工作活动的结果，将抽象目标具体化。

建立生态文明教育评价机制的关键，是保证评价指标体系的科学性与可行性。为此，要从多角度和全方位进行生态文明教育评价，既要从系统内部评估，也要从系统外部评估。同时，生态文明教育评价指标体系还必须反映生态文明教育的特点和规律，必须紧扣不同社会群体及其思想行为的特点。同时，要在科学评价的基础上，对生态文明教育工作做好宣传和总结，还要及时发掘生态文明教育工作中的典型案例，并对此进行积极宣传，从而扩大其影响力。

（二）生态文明教育评价机制的功能

生态文明教育评价是生态文明教育的一个重要环节，是整个生态文明教育过程的有机组成部分。生态文明教育通过评价活动，反馈效果，及时对生态文明教育进行有效的控制与调整，从而优化生态文明教育的实施过程。具体来说，生态文明教育评价机制的基本功能，主要表现在以下三个方面：

1.生态文明教育评价机制具有导向功能

生态文明教育评价是以一定的目标、需要为准绳的价值判断过程。

（1）生态文明教育评价是对实现生态文明教育的社会价值作出判断，也就是说，生态文明教育必须满足社会发展的需要。因此，它在评估的过程中，将引导生态文明教育活动适应社会的发展需要，朝着社会发展需要的方向发展，以实现它的社会价值。

（2）任何评价都要发挥"指挥棒"的作用，会有意或无意地影响评价对象的思想观念，评价的指标也对受评者的价值观念起着导向的作用。通过生态文明教育评价工作，有计划地引导受评者的生态文明理念沿着符合社会要求的方向发展，进而实现社会生态文明价值观的个体化。

2.生态文明教育评价机制具有反馈功能

生态文明教育评价机制的另一个重要功能就是对这一教育开展的整体状况及教育效果能够进行反馈。反馈功能就是在生态文明教育开展的某一环节尤其是各个环节的连接点，通过评价机制把上一阶段的各教育要素和教育效果状况反馈给教育的组织者和实施者以及教育对象，从而使生态文明教育的相关主体根据反馈情况总结经验、改进不足，以利于下一阶段教育的高效开展。依据系统理论来说，生态文明教育是整个教育大系统中的一个子系统，而生态文明教育这一子系统中又包含各个层面的子系统。其中，科学有效的评价反馈是保障生态文明教育系统运转状态良好的重要因素，通过反馈上一环节的问题与成绩可以为下一环节系统的良性循环打下基础。从这一层面来讲，反馈是生态文明教育评价的最主要功能，没有反馈，也就没有评价。教育评价的意义和作用就在于，将其获得的信息向教育主体与客体作出反馈，用以调整、改进教育教学过程。

3.生态文明教育评价机制具有调节功能

评价工作常被人们用来确定对现实教育目标的实现程度。生态文明教育是否达到了预期目标；提出的教育目标是否符合实际，是否具有实现的可能性；如果目标已经达到，是否还有向更高目标发展的潜力；或者原先制定的教育目标实现的可能性极小，甚至根本不可能实现等。在这些情况下，都需要我们对现实的教育目标作重新考虑和相应的调整。评价机制的调节功能促使我们对目标的实现程度有一个明确的、清晰的分析和估量，从而对生态文明教育原定目标作出适当的调节，以保证教育目标更加切合实际，更能通过努力顺利实现。

（三）生态文明教育的评价标准

生态文明教育的评价应该贯穿生态文明教育的全过程，它一方面可以对教师以及教育管理者的工作给出指导、作出评价；另一方面它也能对被教育者在生态文明教育学习过程中学得的知识、理念等状况给出客观的评价。但是，为了保证评价结果的科学性、客观性与有效性，对生态文明教育的实施环节及其成效进行评价，必须遵循一定的评价标准，具体来说，应该遵循以下标准。

1.评价主体的多元化

生态文明教育的实施不但需要学校、教师和公民的积极投入，而且需要各级教育环保部门、民间环保组织、社区等多方社会力量的配合。为客观而全面地反映生态文明教育的过程和成效，这些参与社会生态文明教育工作的社会团体或个人都可以成为生态文明教育的评价主体。他们既可以作为生态文明教育的实施者从生态文明教育内部进行评价，又可以作为独立于教育机构的外部力量对各种形式的生态文明教育进行评价，还可以对各自在生态文明教育活动中的实际表现进行自我评价。

2.评价内容的多元化

从教育对象的知行层面来看，生态文明教育评价不能只限于教育对象对知识的掌握与否，还应该看到他们是否掌握了必要的技能；是否把新的知识和技能转化为个人的实际行动。从生态文明教育的效果评价来看，既要注重知识和技能的评价，看受教育者是否掌握了应有的知识和技能，也要评价是否形成了正确的情感、态度和价值观，更重要的是看其是否把理论应用于实践，是否养成了节约与环保的良好生活习惯。既要观其言、更要察其行。如以树立正确的消费观这一教育内容为例，在知识和技能目标上要看受教育者是否掌握了常见的几种消费心理的利弊，是否掌握了超前消费、适度消费、理性消费、绿色消费等概念；在过程与方法目标上要看其通过对几种消费观念和消费心理的对比，鉴别和分析能力是否有所提高；在情感态度价值观目标上要考察其是否树立了节能环保和绿色消费的价值观念。只有坚持评价内容的多元化，才能更客观全面地反映生态文明教育效果的实际状况，为进一步改进教育策略提供科学的参照。

3. 评价方法的多元化

为了更加客观、真实地反映生态文明教育的开展情况和实际效果，在生态文明教育评价的过程中还应该坚持评价方法多样性的原则。从当前相关评价的方式方法来看，主要有主观评价与客观评价、定性评价与定量评价、绝对评价与相对评价、过程评价与结果评价等。在生态文明教育实际评价过程中应该综合运用多种评价方式，同时根据评价对象的实际情况采取适合的评价方式。

例如对教育者施教情况进行评价，就应该从教师自身的自我评价和教育对象的客观评价出发进行综合评价；而对教育对象的学习接受情况进行评价则更应该侧重于教育过程评价与定性评价。但是，在实践中应用较多的是对教育效果的评价，即对生态文明教育的实施在何种程度上达到了教育目的的评价。应该说，效果评价也是生态文明教育最核心、最重要的评价方面。教育成效的呈现涉及多方面的制约因素，如地域差异、教育主体、教育客体、教育内容、教育方法等，因此，在实际操作时必须坚持定性评价与定量评价相结合、过程评价与结果评价相结合、绝对评价与相对评价相结合等多种评价方式综合运用的原则。

此外，为了切实提高生态文明教育评价的效果和质量，需要进一步完善生态文明教育评价的指标体系，只有评价指标科学、规范，才能使评价结果真实、客观。

第二节　生态文明教育的实施原则

一、施教主体的多元性

振兴民族的希望在教育，振兴教育的希望在教师。对于新兴的生态文明教育来说尤为如此，以教师为主的施教队伍素质的高低将直接影响生态文明教育的成效。提高社会成员的生态文明素质与行为能力，不可能由"体制机制"自身自动实现，而是要通过各级领导干部和思想理论研究、宣传、教育工作者的工作来实现。因此，上述人员的生态文明水平、理论素养和道德修养状况，对于生态文明理念在全社会的牢固树立起着关键性作用。他们的环保理念和节约意识是否坚定，教育宣传理论功底是否深厚，生态道德水准是否高尚，生态行为意识是否强烈，对社会生态矛盾的把握是否客观、全面等，都直接制约着其宣传、教育内容的科学性与实践性，直接影响着教育对象对宣传、教育内容的信服度，直接影响着生态文明理念在人们心目中的地位。要强化生态文明价值观念在全社会的突出地位，首先要建设一支素质高、责任心强、规范化的生态文明教育施教队伍。

不可否认，对于任何一种有施教者参与的教育活动来说，高素质的施教队伍都是影响其成败的关键因素，但是作为一个新兴教育领域，生态文明教育又具有自身的特殊性。生态文明教育具有教育对象的全民性、教育周期的终身性和教育内容的综合性等特点，因此，在强调教育者队伍专业化和职业化的同时，应该突出的是生态文明教育施教队伍的多元化。因为在全社会实施如此庞大的社会系统工程需要大量的教育与宣传工作者，而培养职业化、高素质的施教队伍在短期内很难实现。

所以，在开展生态文明教育的初级阶段，有必要在推进施教队伍职业化的进程中强调施教主体的多元化。所谓施教主体的多元化是指在生态文明教育初期，为了减轻师资力量短缺的压力，鼓励各行各业（特别是教师和各级领导与宣传工作者）有志于生态文明建设事业的人在提高自身生态文明素质的同时从事生态文明教育工作。国家可以出台相关的扶持政策，鼓励教育能力较强、生态文明素质较好的人员从事生态文明教育的专职或兼职工作。我国生态文明教育的施教队伍不仅需要专门从事生态文明教育的专职人才，更需要大批兼职教师从事普及基础知识和基本理念工作。

因此，在全社会有效开展生态文明教育需要大力开展施教队伍建设，在培养高素质的专业教育人才的同时，更需要多元化的师资力量投身于这一浩瀚的社会工程之中。只有在实施生态文明教育的初级阶段坚持教育者队伍的多元化，才能使生态文明教育尽快走向正轨，健康发展。

二、教育方式的多样性

生态文明教育对象的全民性与教育内容的综合性决定了在实施这一教育的过程中要采取不同的方式方法。从教育对象来说，全体社会成员都是生态文明教育的对象，即使是教育者，其身份也同时是受教育者，特别是其在成为教育者之前。必须针对各个群体的不同特点因地制宜、因材施教，精选切合实际的教育方式，以期达到理想的教育效果。从教育内容来看，生态与环境本身就是由各个领域的相关方面聚合而成的有机整体，它广泛涉及环境学、生态学、地理学、历史学、化学、生物学、物理学、伦理学、文化、艺术等方面。由此可见，生态环境问题是一项涉及面广、较为复杂的课题。尽管各个领域的侧重点有所不同，但是它们对于生态环境问题的解决、生态文明理念的传播都能发挥各自的作用。

例如，大气污染通过酸雨可以污染水体、土壤和生物；水体污染的影响往往可以波及包括人在内的整个生态系统。在这一过程中就涉及生态学、环境学、化学等领域的知识。同样，解决环境问题的方法和技能显然也是各个方面的综合，既有工程的、技术的措施，也有经济的、法律的措施，还有化学、物理学、生态学等手段。无论是培养受教育者的环保意识，还是加深他们对人与自然关系的理解，或培养其解决环境问题的技能和树立正确的生态价值观与态度，都有赖于教学过程对上述各个方面的综合把握与应用。因此，生态文明教育内容涉及领域的广泛性与复杂性注定在实施教育的过程中，施教者要根据教育内容的特点和层次采取多种方式方法。

生态文明教育方式的多样性原则要求除了综合运用传统教育的方式方法以外，还要根据生态文明教育本身的特点与性质，发掘多种切合时代要求又行之有效的教育方法，如实践参观法、网络教学法、实证调研法、情感熏陶法等。对于学校教育来说，除了充分利用"渗透式"与"单一式"两种传统的教育方式对学生灌输生态文明知识、培养生态文明理念外，更应该在教育、教学中采取寓教于乐、情景教学、户外体验、引导探索等新型方式，以调动学生学习的积极性与主动性，从而加深其对知识内容的掌握与理解。因为，如旱涝灾害、灰霾天气、气候异常等生态环境问题与我们每个人的日常生活息息相关，从教育对象的实际出发，让其联系自己的切身体验参与其中，才能使他们真正认识到问题的严重性与重要性，从而为其树立坚定的生态文明信念打下基础。对于家庭教育与社会教育来说，也需要从家庭成员和社会公众的实际出发，采取丰富多彩的方式方法，把环保知识与节约意识等融入生产生活中，使人们在潜移默化中形成良好的生态文明理念，养成节约与环保的生活习惯。

三、教育实践的参与性

实践参与性原则是指在生态文明教育过程中要引导公众在面对实际的生态问题时，能够运用所习得的生态文明知识去解决实际问题，从而使公众的生态环保责任意识得到提升，应对环境资源等问题的实践能力得以增强，将理论知识贯彻到实践行动中去。公众的积极参与、主动践行既是生态文明教育的归宿，同时也是生态文明教育的载体。社会成员对节能环保、绿色出行、低碳生活等生态建设活动的参与程度，直接体现着一个国家环境意识和生态文明的发展程度。

公众参与有利于提高全社会的环境意识和文明素质，在社会上形成良好的环保风气和生态道德，形成浪费资源、破坏环境可耻的社会舆论氛围，向每个人传递节能环保光荣的正能量，从而使生态文明建设的理念深入人心、深入社会。同时，要积极建立健全公民参与的体制机制，拓宽参与渠道，使公民参与意识和参与积极性得到充分体现。广大社会成员对生态文明教育的积极参与对于提高政府生态决策水平和公共决策的认同感也具有重要的意义。因此，在实施生态文明教育时要切实贯彻公众实践参与的原则。

尽管国家在生态保护与环境教育方面越来越重视公众的实践参与，但是要充分发挥公众参与的巨大潜力仍需国家及个人在以下方面进行努力：

第一，作为个体公民要树立争做生态公民的自觉意识，从现在做起，从点滴小事做起。

第二，政府相关部门应该积极拓宽公众生态文明实践参与的渠道，同时让社会成员及时快捷地获取相关信息。

第三，教育部门及教育者要在生态文明教育过程中坚持理论联系实际的原则。从教育教学的实际情况来看，如果将科学知识、概念的传授陷于空洞的说教，则必将使生态文明教育脱离实际，且易导致学习者对此产生厌恶感；反过来，仅仅就事论事地去处理一些具体的生态问题而不注重知识理念和基本技能的传授，则无助于学习者认知水平的提高，最终也将不利于实际问题的解决。

第四，在生态文明教育过程中，积极引导受教育者面对实际情况要具体问题具体分析。在引导教育对象参与解决实际问题时，应当把重点放在日常生活中，让受教育者首先从自己周围能够直接感受到的生态问题出发，用自己所获得的相关知识和技能解决问题。只有真正做到这一点，生态文明教育才能逐步引导社会成员将眼光扩展到全社会乃至全世界，从而形成对生态问题的整体意识和解决这些问题的全局思维。

总之，公众的实践参与是生态文明教育成效的重要体现，没有公众的积极参与和主动践行，生态文明理念就难以转化为现实。因此，在生态文明教育的实施过程中，应该让教育对象在实际生产、生活中主动发现资源环境问题；在解决问题的过程中提高自身的思维能力与判断水平；在相互交流与探讨的过程中逐步树立正确的生态文明价值观；在主动参与各种生态建设活动中，养成与自然万物和谐共存的生活习惯。生态文明教育目标的实现最终要靠广大社会成员的实践参与，可以说，公众的实践参与情况直接关系到生态文明教育的成败。所以，生产发展、生活富裕、生态良好的社会发展目标的实现，除了需要政府的立法与政策支持之外，更重要的是让社会成员明确其责任与义务并且能够积极参与其中。

四、教育区域的差异性

从哲学角度来说，矛盾具有特殊性和普遍性的特点，这就要求我们对待不同的矛盾要采取不同的处理方法。由于我国幅员辽阔，地区经济发展不平衡，各地区人口的文化素质和教育状况差异较大，因此，生态文明教育在具体实施时，需要对每一区域的经济状况、教育状况和文化状况等方面进行全方位考虑，从实际出发制定可行的教育方案。区域差异性原则是指在进行生态文明教育时，一方面要以目前我国生态环境的总体情况为基础；另一方面要考虑特定区域的具体情况，在某一区域进行生态文明教育，需要结合当地的经济文化状况与当地的生态环境特点，把当地的局部情况与国家的整体规划紧密联系起来，各个地方的生态文明教育实施要按照当地的教育状况和师资力量有针对性地选择教育内容及方法。

地域差异性是我国生态环境问题的重要特征之一，不同区域因其不同的自然条件和人文历史状况，生态环境面临的问题也有所不同。我国疆土广阔，各区域的生态环境与自然资源迥异，文化习俗与教育状况不一，经济发展水平也差别较大，因而各个区域表现出来的生态问题具有很大的差异性、地域性。考虑到这些差异，我国生态文明教育在实际操作中必须做到理论联系实际，具体问题具体对待，既要体现国家的政策方针又要针对地方的实际状况。

因此，开展生态文明教育需要联系各地区的实际情况，紧密结合当地的生态环境现状与经济发展水平。总之，在宏观上，生态文明教育要根据国家的整体利益进行全局性教育；在微观上，要根据地区具体的生态问题进行有针对性、有侧重点的教育。必须基于地区实际情况，注重生态环境的"本土化"建设，因地制宜、因时制宜地开展符合当地实际的生态文明教育。

从我国整体的经济发展水平来看，经济发达地区的生态文明教育起点较高，目标层次也要相应高些。在发达地区，经济与文化的发展速度快、水平高，与国外联系较多，生态文明教育也可以紧跟国外的最新动态，这些都有利于生态文明教育的开展。因此，对发达地区生态文明教育的开展来说，无论是公共教育还是专业教育，都要注重引进、吸收生态环境治理与教育方面的新理念、新知识。同时，这些地区生态文明教育的实践要以专业培训和学校教育为主，以社会宣传与社区实践活动等为辅。针对落后地区的社会经济与教育状况，生态文明教育应该以社会宣传和开展与人们生产、生活息息相关的节能环保活动为主，使人们首先明白什么是"低碳、环保、节能"等基本生态文明知识，使当地民众在整个社会舆论的影响下接受生态文明理念，逐步养成节能环保的生活习惯。

另外，不同的地区存在的主要生态环境问题有所不同，生态文明教育的开展也要采取不同的措施，在各类地区进行有针对性的教育。从本地区存在的问题出发更容易让人们立足现实生态困境，为解决困扰其生活的生态难题而主动接受生态文明理念，进而达到理想的教育效果。

总之,生态文明教育的有效开展需要坚持区域差异性原则,不仅要在国家的整体规划与领导下开展工作,而且要结合本地区本部门的实际情况,制定有针对性的教育方案,采取切实可行的措施,防止教育流于形式、浮在表面。唯有如此,才能使生态文明观念真正深入人心。

第三节　生态文明教育的实施方法

所谓方法,就是人们为了认识世界和改造世界,达到一定目的所采取的活动方式、程序和手段的总和。方法作为人的自身活动的法则,首先表现为人活动的中介因素;其次,方法服务于人的目的,活动的目的总是和任务联系在一起的;再次,方法和理论是联系在一起的;最后,方法是人类思维活动的产物。生态文明教育方法就是为了尊重自然、保护环境以及协调人与自然的关系,在对人们进行生态环保知识宣传和教育的过程中,所采取的教育活动方式、教育程序和教育手段的总和。简言之,生态文明教育方法就是生态文明教育过程中教育者对受教育者所采取的思想方法与工作方法,它承担着传递生态文明教育内容、实现生态文明教育目标的重要使命。因此,为了提高生态文明教育的实效性,有必要对教育方法进行深入探讨。

一、生态文明教育方法的重要意义

科学有效的方法可以使工作效率大大提高,事半功倍,而不讲究方法的科学性会使工作难度倍增,事倍功半。生态文明教育方法,对于实现生态文明教育目标、完成生态文明教育任务以及增强生态文明教育的实际效果具有重要意义。具体说来,生态文明教育方法的意义主要体现在以下三个方面:

第一,生态文明教育方法是实现生态文明教育目标的重要手段。人类与动物的区别之一,在于人具有意识和自我意识,在于人类的全部活动具有目的性,同时,也在于人类具有选择合适的方法去实现自己目的的能力。能否自觉选择和运用生态文明教育的科学方法,是能否实现生态文明教育目的、完成生态文明教育任务的关键。在整个生态文明教育过程中,不善于选择和运用方法,不讲究方法的科学性和有效性,完成生态文明教育任务就会费时费力,实现生态文明教育的目标也将比较困难。因此,科学有效的教育方法,对生态文明教育目标的实现具有关键性作用。

第二,生态文明教育方法是教育者与受教育者互动的纽带与桥梁。在生态文明教育过程中，教育者与受教育者是人的因素，而方法是中介性因素。生态文明教育过程的有效推进，不仅取决于教育者的教育活动，而且取决于受教育者在教育者指导下的学习接受情况。换言之，成功的生态文明教育活动以教育者与受教育者之间的良性互动为基础。我们只有选择那些符合人的身心发展特点与品德形成规律的科学方法，才能在教育者和受教育者之间建立起融洽、协调的互动关系。可以说，生态文明教育活动的科学组织、有效运作以及预期教育效果的获得，都离不开生态文明教育方法的纽带和桥梁作用。

第三，科学的生态文明教育方法是增强生态文明教育成效的重要条件。科学的生态文明教育方法，要以遵循生态文明教育规律为前提，要充分结合教育对象的综合素质现状和行动特点，还要充分考虑教育对象现实生活中的各种因素对人的生态道德发展以及生态文明教育活动所产生的影响。只有这样选定的教育方法，才能切合实际、行之有效。而教育方法一旦选定，就在某种程度上决定了生态文明教育活动的教育方向，就为生态文明教育获得实效提供了重要条件和必要保障。生态文明教育目的的实现和任务的完成，主要靠生态文明教育的实际教育效果来体现，而有效的生态文明教育是借助科学的教育方法来实现的。如果教育方法选择不当，生态文明教育就可能事倍功半、劳而无功；如果选择的方法错误，还可能误导教育对象而造成不良影响。由此可见，是否选用科学实用的教育方法，直接关系到生态文明教育效果的优劣。

二、生态文明教育的主要实施方法

生态文明教育活动形式多样，与其相关的具体教育方法也是同样种类繁多。对于学校生态文明教育、家庭生态文明教育和社会生态文明教育来说，由于各自的特点不同，其具体教育方法的选择与应用也有所区别。但有些教育方法可以通用，而有些则是仅适用于特定教育模式。生态文明教育比较重要且常用的方法包括灌输教育法、利益驱动法、自我教育法、环境熏陶法、网络宣传法、榜样示范法。

（一）灌输教育法

知识、理论是可以运用"灌输"的教育方法进行宣传和教育的。灌输教育法是家庭教育与学校教育中最常用的教育方法，在各层次的正式教育中起着主导作用。对生态文明教育来说，灌输教育法就是教育实施者有目的、有计划地向受教育者进行生态环保知识与理念的传授，引导受教育者通过对所学知识的吸收和转化树立正确的生态价值观，从而提高教育对象的生态文明素质的教学方法。

灌输教育方法根据不同标准可以划分为不同的类型。依据教育范围来分，可分为普遍灌输和个别灌输；依据教育途径来分，可分为自我灌输和他人灌输；依据教育形式划分，可分为文字灌输和口头灌输。具体来说，在生态文明教育教学中常用的灌输方法有：讲解讲授、理论培训、理论学习、理论研究、宣传教育等。而灌输理论中最常用的方法就是讲解讲授法。这一方法在生态文明教育中的应用也最为广泛，即教师等教育主体通过语言方式向学生或其他教育对象传授有关节能环保、人与自然关系方面的理论知识与价值观念，使受教育者增加对生态环保和生态文明的认知和了解。这种方法主要是通过摆事实、讲道理，以理服人，从而促进生态文明理念深入人心。但在讲解讲授的教学过程中最好采取启发式教学，这样可以有效调动教育对象的积极性。同时，讲解内容要正确、全面、系统，循序渐进地进行，而不可"填鸭"式、注入式地机械输入。

理论培训主要是以有组织有目的地开展讲习班、培训班的方式，向学员传授生态伦理知识与环境资源知识的一种综合灌输方法，这种方法具有学习人员集中、讨论问题集中、学习内容集中的优势，可以加深人们对生态环境伦理的认识，有利于学员相互交流、相互学习。理论学习是人们通过有组织、有计划地集体学习或个人自觉学习来掌握一定的生态环保和生态伦理知识的自我灌输方法，主要通过文字灌输的方式。理论研究主要是通过集中探讨与深入研究的方式对生态环保知识及人与自然间的价值理论进行教育与学习的方法。宣传教育是运用大众传播媒体向人们灌输生态环保和生态伦理知识的一种形象灌输方法，这一方法覆盖面大，影响范围广，具有持续、强化的教育效应。

为了提高灌输方法在实践中的效果，在具体运用这一方法时要讲究其科学性与艺术性，具体来说应注意：①灌输方法的重点不要拘泥于形式，而要以实际情况和效果为准；②运用理论灌输教育法一定要与实际相结合；③生态文明教育者必须首先接受教育。灌输教育法在学校生态文明教育、家庭生态文明教育与社会生态文明教育中均可运用，但在学校教育中的应用更多。

（二）利益驱动法

利益驱动法就是在生态文明教育过程中，利用奖惩的办法对那些生态文明意识较强，并且能够自觉爱护自然、保护环境的人们实施一定的奖励；对那些生态文明意识较差，且有浪费资源、破坏环境行为的人们进行一定的惩罚。这种教育方法，在生态文明教育过程中具有较强的实效性和实用性。

利益驱动教育法主要有物质利益驱动和精神利益驱动两种方式。物质利益驱动方式就是以物质的形式奖励那些具备生态文明意识、自觉爱护自然、保护生态环境的个人或部门。同时，以物质的形式惩罚那些生态文明意识淡薄，有污染环境、破坏生态行为的个人或部门，以此来督促人们要培养生态文明意识，养成良好的生态文明习惯。精神利益驱动方式就是对那些具有较强生态文明意识，且能主动自觉爱护自然、保护生态环境的个人或部门给予一定的精神鼓励，如授予"生态环境保护先进工作者"荣誉称号、颁发"生态公民"荣誉奖章等。同时，对那些生态文明意识较差，故意破坏环境、浪费资源的个人或部门给予一定的精神惩罚，如实行"亮红牌"、"挂黑旗"、媒体曝光等形式以督促他们自觉树立生态意识，积极践行绿色发展理念。

但是，在运用利益驱动教育方法时，一定要把握奖惩的幅度。从奖励方面来看，无论物质奖励还是精神奖励，必须掌握适度的原则，否则，不仅不利于生态文明教育的推进，反而可能增加生态文明教育的成本。从惩罚方面来看，无论是物质惩罚还是精神惩罚，同样要把握好适度的原则，要根据受惩罚的个人或部门的承受能力和对生态环境的破坏程度，科学合理地制定和采取惩罚措施，本着"惩罚适度、教育为主"的原则，给予相关个人与部门一定的经济或精神惩罚，从而刺激当事人自觉做生态文明理念的积极践行者。这种教育方法在社会生态文明教育与家庭生态文明教育中应用得更多，更能发挥其教育效果。

（三）自我教育法

自我教育，顾名思义就是指自己教育自己，即教育主体与教育客体是同一个人。生态文明教育中的自我教育是指广大社会成员在相关教育要求与目标的指引下，通过自我修养、自我反思、自我学习等方式，自觉地接受先进的环保理论、科学的生态知识和文明的行为规范，不断提高自我生态文明素质的一种教育方法。自我教育在生态文明教育中之所以重要，主要是因为生态文明教育活动对个人的影响只是一种外因，而任何教育活动只有通过受教育者积极主动的内化活动，才能产生巨大作用。从这一意义上来说，生态文明教育的效果优劣主要取决于受教育者自我教育的状况。运用自我教育的方法，不仅有利于受教育者自我学习能力的培养，而且也能促进受教育者更加主动地参与各种生态文明教育实践活动，以保证生态文明教育目标的顺利实现。

从自我教育参与人数的多少及教育范围的大小来分，这种教育方法主要有集体自我教育与个体自我教育两种形式。集体自我教育是以某一特定集体为单位，通过集体成员之间的相互影响、相互促进、相互激励，使单位成员之间在相互教育的基础上实现自我教育，在日常操作中可以针对环境资源等现实生态问题，以演讲会、辩论会、讨论会、民主生活会和知识竞赛等形式开展。个体自我教育就是社会成员个人通过书籍、视频、社会活动等方式自觉提升自我生态文明素质。自我教育的通常表现有自制、自律、自学、反省等。

在运用自我教育方式进行生态文明教育的活动过程中，必须明确一点：自我教育并不完全等同于个体自己的学习活动，并不意味着一点也不需要外在的教育者。恰恰相反，在生态文明教育的过程中应用自我教育方法，更应该强调教育者的引导与启发作用。这是因为大多数教育对象本身并不具备完全自觉、自主等学习能力。

在生态文明教育实践中运用好自我教育方法应该注意：①善于唤醒教育对象的自我教育意识，科学运用利于教育对象自我教育的各专业要素；②在全社会积极营造良好的自我教育氛围，为广大社会成员创设进行自我生态文明教育的有利环境；③把个体自我教育与集体自我教育相结合，要充分发挥集体学习的向心力与凝聚力，以形成健康、和谐的群体学习氛围，增强集体自我教育的效果。

同时，生态文明教育施教者应该在开展集体自我教育的基础上，引导广大社会成员进行个体自我教育，帮助个体自我调整和控制自己的生态文明行为，逐步形成良好的生态文明行为习惯。自我教育法更适合于社会生态文明教育中的成年人和学校教育中的高年级学生，因为这种学习方法需要一定的知识基础和自制能力。

（四）环境熏陶法

所谓环境熏陶法，就是生态文明教育者利用一定的生态环境或生态氛围，使受教育者亲身感受、身临其境，并且在不自觉的情形下，受到熏陶和感化而接受教育的一种方法。与其他教育方法相比较而言，它不仅具有生动形象的特点，更具有一种浓厚的情感色彩。从教育对象角度分析，环境熏陶法比较适合于对青年学生的生态文明教育。环境熏陶对人的教育影响分为顺向熏陶影响和逆向熏陶影响，其中，前者是指受教育者对熏染体产生亲和、喜悦的情感，并无意识地接受了熏染体所传达的教育内容的过程，而后者是指当受教育者在受到熏染体熏染时，对熏染情感产生对立、潜意识抵抗或有意识排斥熏染体影响的过程。因此，在生态文明教育过程中，必须促使受教育者同教育者提供的熏染教育产生情感共鸣，尽量争取顺向熏染，防止逆向熏染的出现。

运用环境熏陶法开展生态文明教育，目的就是要调动情感的力量，增强生态文明教育的吸引力、感染力，以博得受教育者的情感认同，从而取得良好的生态文明教育效果。根据环境熏陶教育法的活动方式和熏陶内容的不同，可将其分为形象熏陶、艺术熏陶及群体熏陶三种类型。其中，形象熏陶指的是生态文明教育者用生动形象、较为直观的事物形态与反映现实的生态环保典型事例来影响受教育者的情感精神，帮助他们理解和认同生态文明教育理论的一种教育方式。其中，不仅包含身临其境、参观访问、实地考察的情景熏陶，也包含现象观察、实物接触、图片观看的直观熏陶，还包含同人物亲身交谈，在言谈举止中潜移默化受到的教育影响。

艺术熏陶指的是生态文明教育者通过文学、音乐、美术、舞蹈、戏剧、电影、电视等有关生态环保方面艺术作品的欣赏活动、创造活动以及评论活动，以影响和感化受教育者的一种生态文明教育方式。它以欣赏艺术的美，发展受教育者的想象力和创造力为目的，在培养人们鉴赏能力、审美观点的同时，促进受教育者逐步树立生态环保意识和生态伦理价值观。

在进行艺术熏陶时，必须做到：①培养受教育者欣赏的兴趣；②培养和提高受教育者的鉴别能力；③激发受教育者强烈的情感反应。群体熏陶是指在一个群体中，受熏染体熏陶的各个个体之间相互作用、相互影响的一种状况或一个过程。个体在群体中所受熏陶的程度是弱还是强，关键在于个体和群体受熏染的方向是否一致。如果个体与群体受熏染的方向一致，个体受熏陶的程度就比较强烈；反之，如果个体与群体受熏染的方向相悖，那么，个体受熏陶的程度就会削弱。这种教育方法比较适合在家庭生态文明教育与学校生态文明教育中应用。

（五）网络宣传法

网络宣传法就是指教育者运用互联网广泛宣传和普及生态环保知识，以实现对受教育者进行教育的一种方法。网络宣传完全不同于其他传统媒体的宣传，这是因为网络信息传播的速度具有即时性及信息资源的海量性特点，只要将生态环保知识与相关文明理念按照网民的搜索习惯及其兴趣提供给广大网民，就可以使信息迅速、大量传播，让生态环保知识在最短的时间内遍布互联网，走进广大网民的视野，进而达到引导广大网民树立节能环保意识和生态文明理念的目的。

网络宣传方法种类繁多，从目前来看，主要的网络宣传方法有搜索引擎排名法、交换链接法和网络广告宣传法等。其中，搜索引擎排名法是指在主要的搜索引擎上注册并获得最理想的排名，从而达到对生态环保知识与理念进行广泛宣传的方法。生态环保知识在网站正式发布后，应该尽快提交到百度等主要的搜索引擎网站。如果在搜索引擎网站中搜索有关生态文明知识，这些生态环保知识的网站可以排名在搜索引擎的第一页，那么只要通过搜索引擎就能够不断地提高宣传网站的浏览量，从而可以增强生态文明教育的宣传力度、强度与广度。

交换链接法是各个网站之间利用彼此的优势而进行的简单合作。具体来说，就是分别将对方的LOGO或文字标志设置成网站的超链接形式，然后放置在自己的宣传网页上。当然，对方也会在网站上放置自己的超链接来作为回报。因此，用户能够通过合作的网站找到自己的网站链接，从而达到一种彼此宣传的目的。具体到生态文明教育网站来说，就是要将生态文明教育网站与各大网站建立超级链接，从而达到宣传生态环保知识理论的目的。网络广告宣传法就是在用户浏览量较大的网站或者较大的门户网站宣传生态环保的理论知识，这种方法通过直接增加网站的用户浏览量进行宣传。例如在网易网站首页设置一些关于生态文明知识的教育和宣传方面的网站链接，此举一天带来的浏览量就相当可观。可以说，这种网络宣传方法是见效最快、覆盖面最广的，当然，这也需要一定的成本。

总体来说，网络宣传法相对于其他教育方法具有一定的优势：一是网络宣传具有多维性，图、文、声、像相互结合，可以大大增强对生态环保、生态文明的宣传实效；二是网络广告拥有最具活力的受教群体，以青少年为主的广大网民是生态文明宣传教育的重点对象；三是网络广告制作成本低、见效快、更改灵活，便于调整生态文明教育计划及其内容的替换与推广；四是网络广告具有交互性和纵深性，可以跟踪与衡量生态文明教育宣传效果；五是网络宣传具有范围广、时空限制弱、受众关注度高的特点；六是网络宣传具有可重复性和可检索性，这种教育方法特别适合社会生态文明教育中的成年人，当然，凡是上网的网民都可以接受这种网络宣传教育。

（六）榜样示范法

所谓榜样示范法，就是为了提高广大民众对生态文明方面的思想认识、规范他们生产生活中的行为，教育者通过一些在生态环保方面的典型事例或表现突出的榜样来感染影响教育对象，以达到一定的示范作用的教育方法。事实证明，大多数人的行为是通过对榜样的模仿而获得的。人生的榜样、道德的榜样，是人们生活世界里不可或缺的重要元素。榜样示范法作为一种重要的教育方法，在生态文明教育程中具有重要的社会带动作用。榜样的力量是无穷的，先进典型具有强大的说服力。好典型、好榜样对广大群众来说，是非常现实、十分直观的教育和引导，是激励鞭策人们努力进取的直接动力。在我们这个社会里，人们都有不甘落后、积极上进的自尊心和责任感，只要广泛开展学先进、赶先进的活动，就能够有效调动和发挥人们践行生态文明理念的积极性和创造性。此外，榜样模范的先进事迹和光辉思想，是一种无形的教育力量，是推动广大社会成员模仿学习的重要动力，它可以使生态文明教育更贴近生活、更具有说服力和感染力。

在具体运用这一教育方法时，对于榜样人物与事迹的选择应注重其典型性。在生态文明教育的过程中，榜样模范的生态文明思想及其行为容易迅速吸引人们的注意；榜样的权威性、可信任性、吸引人的程度以及与教育对象之间的相似程度等个人特质，都会影响榜样示范的效果。无论是个人或集体典型，还是通过其他形式塑造、呈现出的榜样形象，都应该具有可学性、易辨性和可信任、权威、有吸引力等基本特征，这也是榜样示范法的客观要求和科学基础。

除此之外，在实践操作中，采用榜样示范教育还需要教育者遵循四点具体的要求：①榜样的选择必须实事求是，不能任意抬高、夸大其词；②为了让生态文明教育更能打动人心，达到最佳的效果，需要尽可能地让榜样人物以现身说法的方式进行教育；③开展关于生态文明的榜样示范教育可以选择和运用多种方式和途径，以强化示范效果；④善于通过反面典型和事例来威慑、警示和劝阻公众，尽可能避免破坏环境、浪费资源的现象发生。也要充分利用正面的先进典型事例，发挥其巨大的社会影响力，以带动广大社会成员积极践行节能环保、珍爱自然的文明理念。榜样示范法更适合社会生态文明教育与家庭生态文明教育。

三、生态文明教育方法的运用要求

在生态文明教育过程中，要根据生态文明教育目标的不同要求、教育内容的不同特点以及教育对象思想与行为的不同特点等具体情况，采用相应的方法。在具体选择和运用生态文明教育方法时，需要遵循以下原则要求：

（一）注重针对性原则

所谓针对性，就是从生态文明教育的实际出发、有的放矢，针对不同的教育任务，采用不同的教育方法，解决不同的教育问题。也就是要求生态文明教育方法的运用要合乎生态文明教育过程的客观规律，合乎人的生态文明思想形成和发展规律，这是生态文明教育科学性的重要体现。要有针对性地运用生态文明教育方法，为此，应该做到以下三点：

第一，必须依照生态文明教育的目的、任务以及具体内容选择和运用教育方法。为了实现生态文明教育的目的、完成提高全民生态文明素质的任务，在实施生态文明教育的过程中必须采用一定的方法和手段，而这些方法又受到任务和目的的制约与支配。在教育教学实践中，具体的生态文明教育目标和任务要求教育者依靠特定的方法来开展教育。而只有所选方法适应了具体的教育目标和任务，才能显现出其独特的效果。根据生态文明教育目标和任务去选择和运用教育方法，也是教育目标和任务与具体的教育方法的辩证关系的要求体现，具有合规律性与合目的性相统一的特征。

第二，必须针对生态文明教育对象的具体特点来选择和运用教育方法。生态文明教育对象具有个体和群体之分，也有职业、年龄、经济状况、文化程度之别。因此，在选用生态文明教育方法时，必须因人而异、区别对待，不仅要考虑生态文明教育对象的家庭环境、个人经历、个性特点、文化程度等因素，而且还要考虑不同的人在生态文明素质水平方面的差异及其社会实践能力方面的不同。

第三，必须针对具体生态文明教育的热点问题选择和运用不同的教育方法。一定时期表现出来的生态文明教育热点问题，可以反映这一时期人们对待某一生态环保问题的思想状况，也为生态文明教育提供了重要的教育时机。生态文明教育者应该敏锐地抓住生态文明教育热点，正确把握其性质特征，准确判断生态文明热点问题的影响范围程度，深刻分析引发生态文明教育热点问题的具体原因，以便有针对性地选择和运用生态文明教育方法。

（二）坚持综合性要求

所谓综合性要求，就是指生态文明教育者在实施生态文明教育的过程中，要综合分析生态文明教育体系内部各种要素的特点以及教育环境因素影响的复杂性特点，在此基础上，先后选择和运用多种不同的教育方法，在对比鉴别不同方法各自特点与共性的前提下，对其进行有效整合，最终形成可以为工作任务及教育目标服务的方法体系，从而实现生态文明教育效果的综合性与整体性。尤其是在当今社会，由于人们自身需求的多元化以及人们思想的复杂性，单独使用某一种生态文明教育方法，很难满足生态文明教育的实际需要，因此，必须综合运用多种教育方法，才能顺利完成生态文明教育的任务，达到良好的教育效果。综合运用生态文明教育方法，就是要依照生态文明教育的内容、目的、任务以及生态文明教育的对象、环境条件的不同特点，来选择和运用多种方法，以取得最佳的教育效果。

综合运用生态文明教育方法的关键问题，是在生态文明教育过程中，如何将多种生态文明教育方法进行统筹整合，形成合力，以产生综合教育效果。多种教育方法在生态文明教育过程中，可以按照主从式与并列式、协调式与交替式、渗透式与融合式等综合教育方式进行整合。

（三）遵循创造性原则

创造性地运用教育方法，是人的认识能力、实践能力发展的具体体现。而要做到对生态文明教育方法的创造性运用，必须努力做到以下三点：

第一，在实事求是、解放思想的基础上与时俱进，使生态文明教育方法的运用体现出鲜明的时代性，自觉探索新方法、研究新情况、解决新问题。现代社会的快速发展往往带来意想不到的、复杂的、新的生态环境问题，客观上要求生态文明教育者要根据时代的变化、生态环境的新情况，不断地创新生态文明教育方法。唯有如此，生态文明教育才能适应现代化建设与发展的需要，也才能适应生态文明教育对象与教育环境的新需求。

第二，积极汲取和运用现代科学研究成果，创新生态文明教育方法。在生态文明教育的过程中，生态文明教育管理者与实践操作者，都应该积极探索、吸收国内外最新的研究成果，在理论与实践的结合中改进、创新生态文明教育方法，把国内外先进的教学方法合理运用到教育教学的实践中，从而丰富生态文明教育的方法体系。

第三，积极应用现代科学技术手段，使生态文明教育方法实现现代化。随着现代科技的发展，特别是网络通信技术的飞速发展，以国际互联网为核心的手机、计算机等多媒体通信终端在社会公众日常生活中逐步普及，微信、微博、QQ等网络软件成为人们日常生活中不可缺少的通信媒介。而这些都可以成为生态文明教育新的载体与手段。教育主体必须掌握这些现代化的通信交流方式，把其科学地运用于生态文明教育的过程中，从而增强生态文明教育的实效性与时代感。

第四节　生态文明教育的实施路径

"生态文明教育是生态文明建设的基本保障和有效措施。"[①]生态文明教育路径就是人们在开展生态文明教育的过程中，为了达到生态文明教育的目的、实现生态文明教育的预期效果所采取的教育方式、教育模式、教育中介的统称。生态文明教育的主要路径包括家庭教育、学校教育和社会教育三种。学校教育主要是教师对学生的教育；家庭教育主要是家长对子女的教育；社会教育主要是国家对社会公众的教育。在生态文明教育的管理上，国家对家庭教育、学校教育和社会教育进行统筹管理，从而形成"三位一体"的生态文明教育模式。

一、家庭生态文明教育

家庭教育通常是指在家庭内由父母或其他长辈对子女和其成员所进行的有目的、有意识的教育。当然，家长在家庭环境中的自我学习与自我教育也是家庭教育的一个方面。家庭教育从其含义上讲有广义和狭义之分。广义的家庭教育主要是指一个人在一生中接受的来自家庭其他成员的有目的、有意识的影响。狭义的家庭教育则是指一个人从出生到成年之前，由父母或其他家庭长辈对其所施加的有意识的教育。家庭生态文明教育主要是指家长对子女进行以节约资源、保护环境等为主要内容的生态文明理念灌输与生态文明行为引导活动，其重点是从日常生活实际出发让子女从小树立正确的生态价值观，养成良好的生态文明习惯。当然，家庭生态文明教育也指家长自身对节能环保等生态文明理念的学习与实践。

（一）家庭生态文明教育的意义

1.家庭生态文明教育是提高青少年生态文明素质的重要途径

家庭是社会的细胞，是少年儿童成长最重要的生活场所，家庭作为一个特殊的教育环境，其教育作用往往是学校教育和社会教育所不能代替的。人的大部分社会习惯和智能是在儿童时期形成的。儿童精力旺盛、可塑性强，如果从小就受到良好的生态文明

---

① 魏晓莉，戚国强，赵俊影，等. 高校生态文明教育的意义及实施路径措施 [J]. 教育教学论坛，2018（39）：59.

教育，树立起良好的生态文明意识，长大后就会自然而然养成环保与节约等生态文明习惯。从小对子女进行生态方面的教育要比成人之后再对其进行这方面的教育取得的效果明显得多。家庭作为子女成长过程中的第一所学校，理应肩负起对子女进行生态文明教育的重任。因此，要充分重视家庭对子女的生态启蒙教育。同时，家庭教育还具有终身性的特点，家庭教育对个体的影响贯穿于个体成长的始终，因而，家庭教育对下一代的道德观、价值观与生态观的形成有重大影响。正是因为家庭教育对子女思想观念与行为习惯影响的启蒙性、终身性与深刻性，所以家庭生态文明教育是提高青少年儿童生态文明素质的重要途径。

2.家庭生态文明教育是生态文明教育体系的重要组成部分

生态文明教育是国家根据人的心理发展规律和社会发展要求，通过正式和非正式的方式，对全体社会成员施加有目的、有计划、有组织的教育影响，以使其树立科学生态观，培养生态公民为目的的社会实践活动。这一覆盖全民的社会系统工程需要家庭教育、学校教育与社会教育的全面实施与通力合作，这样才能取得理想的效果。其中，家庭教育在整个教育过程中起着基础性作用，因为每个人一出生首先受到的是家庭环境的熏陶和影响，家长是子女的第一任老师。家长可以在日常生活中有意识地培养子女热爱自然、热爱环境、热爱生命的情感和意识，通过绿色环保的生活方式和消费方式，培养和熏陶子女良好的生活习惯，从而形成健康、文明的生活观、生态观。而这种家庭生态文明教育的普遍化与日常化，对于培养符合社会发展要求的现代公民，具有社会教育和学校教育不可替代的作用。

因此，开展生态文明教育必须从家庭教育开始，从青少年抓起，通过父母的言传身教，把节约资源与保护环境等生态文明理念传授给子女，从而使家庭生态文明教育与学校生态文明教育、社会生态文明教育形成合力、相互促进，以提高生态文明教育的整体效果。

3.家庭生态文明教育是提高家长生态文明素质的有力措施

广大家长在对子女进行生态文明教育的同时，自身也是教育对象，他们的生态文明素质和相关行为能力的提高也是家庭生态文明教育的一个重要方面。国家和社会通过各种方式（如媒体、宣传册、社区教育等）对家长进行节能环保等方面的宣传教育，同时家长也会在日常生活中有意或无意地进行自我教育。显然，广大家长在对子女进行生态文明教育的同时，也是进行自我教育的过程，这无形中提高了家长自身的生态文明素质，父母的一言一行在为子女树立榜样的同时也提升了自身的生态理念践行能力。

另外，从建设资源节约型社会和环境友好型社会的现实状况来看，资源节约和环境保护涉及社会的方方面面，也必然涉及每一个家庭。尽管不同的家庭有不同的消费方式、生活理念和物资使用状况，也许个体家庭对资源环境的影响并不明显，但是一个国家所有的家庭对能源资源和生态环境整体影响却非常大。切实加强家庭生态文明教育，提高所有家庭成员的生态文明素质对于改善环境质量，节约能源资源乃至维持生态平衡意义重大。

（二）家庭生态文明教育的方式

作为非正式教育的家庭教育，与学校教育有较大区别。家庭是儿童及青少年生活成长的主要场所，传授知识和培养技能只是其中的一个方面，家庭更多的是给子女提供健康成长的物质条件和融洽的生活氛围。同时，父母、祖父母与子女的关系不同于老师与学生的关系，一般不易接受家长有意识的思想教育和行为指导。因此，在家庭环境下有效开展生态文明教育必须针对家庭生活的特点和子女的身心发展规律，采取简便易行且行之有效的策略与方式。具体来说，应该在以下四个方面努力：

1.潜移默化，把生态文明理念融入家庭日常生活

家庭生态文明教育要结合生活实际，注重子女良好生活习惯的养成。家庭是一个特殊的教育环境，它不像学校那样是专门负责传授知识、灌输思想的教育机构，而是在家长的关怀、照顾下少年儿童健康成长的场所。这种特殊的教育环境使家庭教育成为一种以亲子关系为纽带，以衣、食、住、行等日常生活为主题的生活化教育。家庭教育的一个显著特点就是尽可能把相关教育理念融入家庭生活的各方面，通过家长的言谈举止在无形中影响子女的思想与行为。

因此，只有把生态文明理念融入家庭生活的方方面面，才能在潜移默化中使子女接受教育，从而培养他们良好的生活习惯。生态文明教育在家庭环境中的实施，主要以节约水电、爱惜粮食、关爱小动物、维护环境卫生等为主要内容，这些内容均与家庭生活息息相关。就此而言，需要把节能环保等生态文明理念融入日常生活的点点滴滴，这样才能使子女易于接受这些理念，进而形成文明的生活习惯。如当与子女一起用餐时，要经常提醒子女不能浪费粮食，以其可以接受的方式（如讲故事）告诉子女餐桌上的食物从播种到变成美味佳肴，需要耗费一定的资源和能源，而这些都是有限的，浪费粮食的实质就是浪费地球上有限的宝贵资源。同时，家长要有意识地在生活中培养子女绿色出行、节约水电、垃圾分类等良好的生活习惯。将节约、环保等生态理念与日常生活相结合，引导子女从点滴小事做起，更容易使子女在无形中受到教育和熏陶。

总之，在家庭生活中，家长把各种生态文明理念生活化、日常化，往往会对子女起到润物细无声的教育效果。

2. 身体力行，树立节约环保的好榜样

在家庭生活中，子女大多数时间与家长待在一起，家长的一言一行都在子女的视野中，家长的言谈举止对子女具有潜移默化的影响作用。子女在世界观、人生观、价值观形成以前极易模仿大人的言行，在长期的耳濡目染中会把大人的生活习惯与处事方式复制过来。家长在家庭教育中要身体力行，为子女树立良好的榜样。具体到家庭生态文明教育来说，家长首先要养成爱惜粮食、随手关灯、循环用水等节约习惯，表现出对一草一木、一虫一鸟的关爱，形成保持个人卫生、爱护公共卫生的良好习惯。同时，在与家庭成员的交流中很自然地融入浪费可耻、环保益多等内容。

总之，家长要时刻以自己热爱自然、保护生态环境的实际行动营造家庭生态文明教育的良好氛围，以感染、熏陶子女的思想与行为，帮助子女树立正确的生态文明观念。

3. 奖罚分明，积极强化正面生态文明行为

表扬与奖励、批评与惩罚是家庭教育中经常使用的两种方法。前者是积极的激励措施，主要是家长针对儿童各个方面的进步和成绩给予适当的奖励，以有效增强儿童的成就感、自信心，提高儿童的自我评价能力。后者是指家长针对儿童在生活、学习等各个方面存在的问题和缺点，对儿童施加一个不愉快的刺激，使儿童产生适当的自责感和愧疚感，让儿童认识到自己行为的错误，最终改正自身存在的问题和缺点，以促进儿童形成良好的品德和行为习惯。

少年儿童的自制力较差，良好的行为方式与生活习惯往往缺乏稳定性与长期性。因此，需要在家庭教育中适当运用奖惩结合的方式，以强化子女在生态文明方面的积极行为，同时抑制子女的负面行为。具体到家庭生态文明教育来说，家长可以在与子女协商一致的前提下约法三章，制定明确的奖惩方案，让子女清楚哪些行为会得到奖励，哪些行为会受惩罚。如随手关灯、关水龙头、不随便剩饭、主动打扫卫生、浇花等有益于子女生态文明意识形成的行为活动，家长都可以适当进行物质奖励或精神鼓励。诸如乱扔垃圾、浪费粮食等不利于子女良好生活习惯养成的行为，也要制定相应的物质惩罚或精神惩罚措施。同时，对子女的奖惩要根据子女的行为优劣程度决定奖惩的幅度，要立足子女的实际情况随时调整奖惩计划方案，务必使激励措施起到实效。

4. 亲近自然，在对比中培养热爱自然的情怀

家长可以通过带子女到受污染的河边钓鱼、在灰霾天气时送子女上学、到生活条件艰苦的山区体验生活等方式让子女感受环境污染与生态破坏的危害。同时，带子女去生态公园、自然保护区等生态环境优美的地方去感受大自然的另一面：领略旭日东升、晚霞夕照、花开花落、草长莺飞等自然风光；观看蜜蜂在花丛里飞舞的身影；欣赏鱼儿在

清澈的水里悠闲的姿态；泛舟于碧波之上、嬉戏于丛林之中。这样可以引导子女用自己的耳、自己的眼、自己的心，真切地去感受、欣赏与亲近自然，子女在亲身的体验中，可以体悟到自然本身、人与自然、人与人之间的平衡与和谐。通过对比体验使子女产生对大自然的热爱之情，进而牢固树立保护环境、节约资源等生态文明理念。

（三）家庭生态文明教育的特点

相对于学校教育方式与社会教育方式来说，家庭生态文明教育具有自身显著的特点。这主要表现在对象的针对性、方式的灵活性、成本的低廉性、效果的快捷性和影响的深远性等方面。

1.针对性

家庭教育是个别教育，家庭中教育者和受教育者往往都是家庭成员，对人的影响较之学校教育和社会教育具有较强的针对性。这种教育者与受教育者的具体性与针对性，可以使家庭教育做到"有的放矢""因材施教"。家庭成员朝夕相处，彼此能很全面、很深入地相互了解，因而，父母对子女的思想动向、性格特点、个性发展趋势等能有较为清楚的认识，这就有助于家长有针对性地开展教育，有助于家长选择行之有效的教育方法、教育时机和教育内容，这种教育影响大多够触及个体的灵魂，从而收到良好的教育效果。从生态文明教育的角度来说，家长可以针对自己子女的具体特点"对症下药"。

例如，有的子女有花钱大手大脚的坏习惯，家长可根据子女这一特点对子女进行合理消费、适度消费教育，可以通过摆事实讲道理、让子女认识到盲目消费的错误，也可以通过宣传片或者带子女到贫穷落后的山区体验同龄人的生活等方式让其认识到自己的错误，从而使子女树立正确的消费观。再如，有的子女有挑食、剩饭的毛病，家长可以针对这一情况通过归谬法让子女自己找到剩饭的害处，也可以通过讲故事的方法让子女认识到自己的行为是非常不好的。当然，在具体家庭进行生态文明教育时，还要根据子女的性别、年龄、性格、兴趣等具体情况采取有针对性的方式方法。

2.灵活性

与学校生态文明教育需要专门的教师、教材和教育场所不同，家庭生态文明教育一般没有什么固定的"程式"，也不受时间、地点、场合、条件的限制，可以随时随地遇物则诲，相机而教。在休息、娱乐、闲谈、家务劳动等各种活动中，都可以对子女进行教育和引导。因此，家庭生态文明教育的具体方式比较容易做到具体形象、机动灵活，适合儿童、青少年的心理特点，易于为子女所接受。这与学校教育相比，在方式方法上要灵活很多。生活中不少家长很有教育意识，擅长就地取材利用一切可以利用的条件和机会,对子女进行生态文明教育。例如,在吃饭的时候可以通过聊天的方式为子女树立勤俭节约、爱惜粮食的生活习惯。在洗澡的时候,可以告诉子女家庭生活用水的来历,水对人的重要性以及水对所有生物的意义,从而使子女懂得节约用水,保护水资源的价值所在。在外出旅行时可以向子女灌输绿色出行和生态旅游的重要性,让其明白严重的灰霾天气在一定程度上是由机动车辆尾气排放造成的,优美的自然风景需要每位游客的细心呵护。家庭生活中随处可用的生态文明教育事例还有很多,家庭生态文明教育的灵活性、便捷性也正是其优势所在。

3.低成本

与学校生态文明教育、社会生态文明教育相比,家庭生态文明教育最大的优势就是成本低。

(1)家庭生态文明教育不需高薪聘请专业教师,一般而言,父母在家庭生态文明教育的过程中既充当了家长的角色同时也兼任了教师角色,尽管不是所有的家长都是合格的生态文明教育教师。

(2)家庭生态文明教育不需要像学校那样耗资较大的场地与设施,以家庭生活为中心可以足不出户,随时随地对子女开展丰富多彩的生态文明教育。

(3)家庭生态文明教育一般不需要专门的教材和辅导资料,诸如节水节电、爱护花草、垃圾分类等生活常识和文明习惯基本不需要专门的教材书籍。当然,一些较为专业的生态文明知识还是需要相关科普教育书籍来帮助的,如生态经济、绿色科技、绿色生活指数等。

(4)所有教育对象也不需要向家长及国家支付任何费用,这对国家和社会来说是巨大的节约,从这一意义上来说应该充分发挥家庭生态文明教育在整个生态文明教育体系中的积极作用。当然,家庭生态文明教育的这一优势只是相对而言,并且前提是家长要具备较高的生态文明素质,具备对子女开展形式多样的生态文明教育的能力。显然,这一前提成立的条件与社会生态文明教育以及家长的自我教育是分不开的。

4.速效性

由于家庭生态文明教育主客体的特殊性与教育内容的生活化等因素的影响,也使得家庭生态文明教育呈现速效性的特点。家长与子女在家庭生活中不仅是亲子关系还是教育者与受教育者的关系,这种双重身份关系使得子女在日常生活中不自觉地接受来自家长言行中的各种生活理念与行为习惯。因为少年儿童从出生开始,大部分时间都与家长生活在一起,家长的言传身教和生活细节无形中会影响子女的思想与行为。一般而言,父母均是子女的权威(儿童叛逆期除外),在子女眼里父母说的和做的都是对的,这也是家庭生态文明教育见效快的一个重要原因。此外，家庭生态文明教育的内容一般比较浅显易懂，且与日常生活紧密联系，易于理解和操作，只要家长教育方法得当，同时长期督促子女持之以恒地坚持，就会使家庭生态文明教育取得良好效果。事实证明，同等条件下与学校生态文明教育相比，家庭生态文明教育的效果更为明显。当然，这首先需要家长有较高的生态文明素质，同时具备对子女实施生态文明教育的能力，还需要对子女的思想与行为进行长期监督。

5.深远性

从影响程度来看，家庭生态文明教育对教育对象的影响具有深远性。青少年正值价值观和行为习惯形成的重要时期，从小对子女进行勤俭节约和保护环境等方面的思想灌输与行为引导，会使他们在思想意识中形成关于人口、资源、环境等方面的正确观念，并把这些思想观念慢慢固化为日常行为习惯。而一旦某些价值理念形成不自觉的行为习惯，那么，这些行为习惯将会伴随人的一生。日常生活中，多数人的良好习惯都是从小在家庭教育背景下形成的，例如，随手关灯、循环用水、爱惜粮食等。而这些有利于生态文明建设的行为习惯的养成大多可以追溯到家长的影响上来。在家庭教育下养成的良好习惯往往会影响人的一生。因此，家庭生态文明教育对子女的影响具有终身性与深远性，而这也是家庭生态文明教育的优势所在。

二、学校生态文明教育

（一）学校生态文明教育的意义

学校是对青少年进行生态文明教育的主要场所，学校教育在开展生态文明教育的过程中发挥着主渠道作用。青少年是生态文明教育的重点人群，学校理应成为对青少年进行系统生态文明教育的主要阵地。具体来说，学校生态文明教育的意义主要体现在以下三个方面：

1.学校生态文明教育担负着传播资源环境知识与生态文明理念的重任

学校不仅是塑造灵魂、培养人才的摇篮，还承担着宣传国家政策走向、传播社会发展理念的重要使命。所以，学校生态文明教育是向全社会传播生态文明知识与绿色发展理念的重要途径。这是因为教师和学生在生态文明理念的传播方面有其自身优势。教师大多文化水平和思想觉悟较高，对生态文明理念的认识深刻、全面，同时他们也可以发挥自身教育宣传的职业优势，向学生和社会进行大力宣传。而学生思想活跃、精力旺盛，对新事物和新理念接受的速度比较快，同时他们可以通过网络和社会活动等方式把生态环保与可持续发展理念向社会辐射。当然，学校生态文明教育最重要的是通过教师的课堂教学，把天人和谐、生态经济等发展理念融入课堂，让学生首先接受、领会，进而才能再发挥学生的传播效力。同时，学校还可以通过生态环境调查、主题报告、学术交流等方式使学生和公众加深对生态文明知识和理念的理解。可见，学校生态文明教育对于国家走绿色发展道路，实现生产发展、生活富裕、生态良好的基本目标具有重要的宣传作用。只有生态文明理念在全社会深入人心，社会成员广泛认同并主动践行，才能使整个社会的生产、生活方式真正实现生态化转变。

2.学校生态文明教育可以推动全体社会成员生态文明素质的提高

在学校开展生态文明教育，尤其是在中小学教育中进行生态文明教育至关重要，这是提高整个民族生态文明素质的关键环节。中小学生生态环境意识的形成是未来社会生态环境意识的基础，虽然不能简单地将目前中小学生的生态文明意识状况与未来整个社会的生态环境意识相等同，但是这至少在很大程度上会影响整个社会的生态文明意识。从高等教育看，高等院校承担着提高大学生的人文素质与科学素质的重任，学校所培养的精英人才将来大多是社会建设的中坚力量，他们的生态文明素质高低将直接或间接地影响我国建设生态文明社会这项战略任务的成败。

因此，青少年学生必须具备一定的生态文明素质（包括生态道德素质、生态文化素质、生态科技素质等方面），这样才符合现代社会对个人基本素质的要求。通过在学校系统全面地学习生态环境知识，深化对人与自然关系的认识，学生才能在对生态文明理解加深的基础上，树立正确的生态文明理念，形成节能环保、尊重自然的文明习惯。生态文明建设的关键就在于整个社会生态文明意识的树立和生态文明习惯的形成。而这也正是生态文明教育，特别是学校生态文明教育要着力解决的问题。

3.学校生态文明教育可以为社会培养大批适应时代发展的人才

推动社会发展需要各级各类高素质的人才，在当前推进生态文明，建设美丽中国的形势下，更需要各级领导干部、企业管理者以及普通公民关注生态、保护环境，正确处理经济发展和环境保护之间的关系。其中，在当前环境问题突出的形势下特别要处理好经济发展和环境保护之间的关系，而需要正确处理这一关系的主体不仅仅是领导干部、企业管理人员和专业技术人才，还包括广大在生产一线的普通劳动者。学校是培养社会所需人才的主要场所，生态文明教育不仅可以为生态文明建设提供技术保障，更重要的是可以为社会输送大批建设生态文明社会的高素质人才。学校生态文明教育在逐步形成从中小学教育到高等教育的生态文明教育体系，从而为社会主义现代化建设培养不同领域的高素质人才。

从生态文明建设来说，教育特别是高等教育不仅可以为我国生态文明建设培养大批致力于美丽中国建设的专业人才，更重要的是能够为社会提供千千万万适应生态文明建设需要的普通劳动者，以促进整个社会生态文明素质的提升。山清水净、天蓝气爽的美丽中国建设不仅需要高层次的规划者和热爱、从事环保事业的科技人才，而且需要具备较高生态文明素质的广大普通劳动者。然而，这些社会所需人才的培养和塑造基本上要靠教育，特别是学校生态文明教育来完成。

总之，学校生态文明教育是提高全民生态文明素质的基础工程，对于弘扬天人和谐的传统生态理念与绿色发展的时代精神，形成良好的社会道德风尚，促进美丽中国建设，具有十分重要的意义。

（二）学校生态文明教育的方式

根据各级各类学校的不同特点，在具体实施生态文明教育的过程中，主要采取以下四种方式：

1.课堂教学

课堂教学是学校生态文明教育的主要方式和手段。首先需要国家根据各阶段学生学习的特点和接受能力编写一套《生态文明教育》教材，教材在内容上应该由浅入深、由简到繁，前后连续、上下贯通，然后再配以生动活泼的生态文明知识课外读物，使整个生态文明教育内容形成完整的体系。这样才可以把生态文明知识单独列出来，以必修课、选修课的方式在小学、中学直至大学进行普及。

对于小学生来说，应该根据他们的生理和心理特点、兴趣和知识结构，着重培养他们的生态情趣和生态道德。通过生态文明教育向他们讲述自然环境的演化历程，使其了解由于人类的不当行为造成的环境危机、资源危机和多种动植物濒临灭绝的现状。将环境污染与生态破坏的惨痛现实通过图片及影音资料展示给学生，让学生深刻认识现代环境问题的严重性和紧迫感，从而树立正确的生态文明观。课堂教学中还应教会学生面对生活中污染环境、浪费资源等情况时，正确处理及应对的方法、技能，使学生在实践中逐渐成长为一名具备较高生态素质的小公民。

对中学生来说，多样的学习科目担负着生态文明教育的主要任务。各科教师应利用课堂渗透，把生态文明教育的具体目标有机融合在学科课堂教学的过程中，强化他们的生态保护意识，使其在学习相关知识的同时提高生态文明素质及行为能力。

从高等教育来看，大学不仅要对生态环境专业的学生，而且要对非生态环境专业学生进行生态文明教育。对于生态环境等相关专业学生来说，生态文明教育应该不断改进教育方法、手段，进一步提高教育效果。同时，还要充分利用高校的科研优势，积极研发具有实用价值的生态环保技术。而对于非生态环境专业的学生来说，必须提高他们对生态文明教育课程的认识，明确这一课程在高校教育体系中的地位。根据具体情况对非生态环境专业学生开设公共必修课、公共选修课和限定选修课。同时，在各学科的教学中，教师要通过深度挖掘与生态环境科学有关的教学内容，结合学科教学进行生态文明教育。这不仅使生态文明教育在各学科的专业教学中得到深化，而且也丰富了本学科自身的内容。

2. 第二课堂

除了正式的第一课堂教学之外，以生态环保专题讲座、论坛等为主要内容的第二课堂也是学校开展生态文明教育的重要方式。各类学校应该定期或者不定期开设生态环保专题讲座，向学生传授环境、生态、资源等方面的科学知识和价值理念，通过与专家学者的交流互动培养学生的生态文明意识，使学生养成维护生态、保护环境的良好习惯，懂得一些必要的科学知识和生活常识，从而有利于学生在日常生活中积极参与各种生态环保活动。专题讲座可以帮助学生集中深入了解某方面的知识，进而掌握专业的理论知识。

学校可以积极聘请校内外专家学者开设以生态文明教育为主题的讲座。对大学生来说，每学期邀请国内外知名专家学者开展关于生态、环境、文化以及人与自然方面的专题讲座尤为必要，因为大学生更需要了解现实问题、关注社会发展，同时，他们也更容易接受新知识、新理念，从而激励他们为解决现实问题进行积极探索。讲座的内容可以是某一方面的专业知识，也可以是实际生活中的现实生态问题。这样可以从理论与实践相结合的角度，激发学生保护环境、维护生态的热情。讲座要提前一周左右在全校开展宣传，让学生知晓何时、何地、何人作关于何种主题的报告，这样可以使广大师生合理安排时间，提前为参加活动做好准备。为了能够使讲座富有吸引力，相关专题与报告可以在不影响主题内容学术性、权威性的基础上，充分运用现代教育技术，如多媒体、投影仪、网络等，以调动学生参与的积极性与针对性，进而达到预期的教育效果。

此外，有条件的学校还可以为学生提供与生态环保有关的书籍刊物、影音资料，让学生在阅读与观看影像资料的过程中了解现代社会的生态环境问题，比如：酸雨、土地沙化、海洋污染、全球变暖、热带雨林面积缩减、臭氧层被破坏、人口剧增以及极端城市化等。同时，让学生明白这些问题的形成原因及其影响。在此基础上让学生清醒地认识到，我们生活的世界在某种意义上正处于自我毁灭之中，如果人类再不采取行动保护环境、维护生态均衡，将会造成更加严重的后果。只有善待地球，才能善待自己；只有保护自然，才能最终保护自己。

3. 校园文化建设

校园文化包括校风学风、校容校貌、学生社团，以及校园内的舆论导向、学术氛围、道德风尚、文化娱乐、师生关系等，其集中表现是校风，最高表现是校园精神。一个学校的校园文化、校风校貌对学生具有潜移默化的熏陶与影响作用。校园文化是一种特殊的社会文化，它不仅与社会主流文化相适应，而且与社会政治、经济等方面有一定的联系，同时，校园文化在保持相对稳定的基础上还极富时代性。因此，校园文化建设是生态文明教育的重要载体，也是向学生传播生态文明理念、熏陶学生热爱自然、保护环境的重要渠道。

校园是广大师生生活、学习的重要场所，美丽、清洁的校园环境本身就是一本极富生态文明教育意义的立体教材。错落有致的花草树木、水清鱼游的湖光桥影有赏心悦目的熏陶与感染作用，会让人油然而生对自然、对生命的热爱与尊重之情。可以说，校园的自然生态与人文生态能够对学生起到重要的激励与影响作用，这种教育意义在某种程度上不亚于向学生单纯灌输保护环境、节约资源的思想。同时，学生还可以从中体验到校园环境的审美价值，促使其形成正确的审美意识和审美情趣，在潜移默化中对学生的生态文明意识起到积极影响。

因此，需要在学校中营造爱惜花草树木、培养环境道德的良好氛围。同时，鼓励学生参与校园环境的建设和维护，引导学生有计划地开展主题讨论、图片展览、板报宣传等多种形式的环境道德宣传活动，从而塑造校园环境文明和环境文化，使之成为校园文化的有机组成部分。另外，在学校进行生态环境知识科普宣传的同时，应该大力弘扬古今中外积极的生态思想，为提高生态文明教育水平提供文化环境。努力营造尊重自然、爱护生态、保护环境、节约资源的校园文化氛围，积极引导学生树立科学的生态观。

4.课外实践活动

课外实践是生态文明教育不可或缺的重要一环，既可以巩固学生在课堂所学的生态文明知识，也可以检验学生所学知识的牢靠程度，还可加深他们的生态情感体验。要使广大青少年在内心深处把保护生态、爱护环境、节约资源的理念转化为个人的行为指南，单凭他们了解相关内容难以奏效。还必须使他们在知、情、意、行等环节上有切身的感受和体验，使其明确"什么是错"以及"为什么错"，"什么是对"以及"为什么对"，方可内化为个人自觉践行的价值理念。此外，为了使青少年树立正确的生态观，要从青少年的年龄、心理特点出发，把被动接受与主动实践相结合，他律与自律相结合，做到知行统一，从而使生态文明教育内化为他们内心的思想信念，达到润物无声的效果。

对初等教育的学生群体来讲，各级各类学校可以有意识、有组织地带领学生到污水处理厂、环境监测站、环保科研单位、植物园、动物园、科技馆进行实地参观，也可以组织中小学生到自然保护区、森林公园以及原野农田等与自然近距离接触，进而让学生相互交流各自的心得体会，加深他们对人与自然关系的理解。各中小学也可以组织学生参加以节水节电、回收废电池、植树造林等为主题的公益活动，引导他们与公益性环保组织进行合作，共同开展面向社会以"节约资源、拒绝污染"为主题的生态文明教育宣讲及实践活动。这样在服务社会的同时也提升了他们自身的生态文明素质。

对于高等教育学生群体来说，各高校应该积极倡导大学生针对现实中比较突出的某一具体环境、资源问题进行实地调研，在对某一地区某一时间段的环境污染情况或资源供给现状的调查以及对相关数据处理分析的基础上，他们会对生态问题的现实性与严重性有更加科学和深刻的认识，进而激发他们保护环境、爱惜资源的情感认同。同时，还可以使他们利用所学的知识努力探索解决现实问题的方案，以增强大学生对生态环境问题的危机感和建设美丽中国的使命感。大学生也可以根据专业特长组织生态环境道德小品、短剧、演讲、辩论赛等形式多样的文化活动。具体、形象的文化活动，不仅可以培养大学生的审美能力，也能培养他们的生态道德素质。大学生还可以通过自我管理、自我组织的生态环保社团在"世界环境日""世界水日""地球日""戒烟日""植树节""爱鸟周"等具有教育意义的特殊纪念日，面向社会开展各种宣教活动。把大学生生态环保社团作为开展各种宣传教育活动的重要载体，不仅可以加深学生自身对生态环保理念的认识，锻炼其社会实践能力，也可以对生态文明理念在全社会的普及起到积极的推动作用。

（三）学校生态文明教育的特点

与家庭生态文明教育和社会生态文明教育相比，学校生态文明教育具有自身明显的优势和突出的特点，主要体现在专业性、系统性、组织性、稳定性和权威性等方面。

1.专业性

学校是专门实施教育的场所，学校生态文明教育作为新时期国家教育的重要方面，与家庭生态文明教育和社会生态文明教育相比，具有明显的专业性。这种专业性主要体现在以下方面：

（1）有较为专业的生态文明教育教师及各级专职教育管理人员。虽然目前我国各级各类学校的生态文明专业教师还很有限，整体素质也有待于提高，但各级各类学校形成一支专业化、高素质的生态文明教育教师队伍是可以期待的。这既是学校生态文明教育在整个教育事业中的优势所在，也是家庭生态文明教育、社会生态文明教育难以企及的。

（2）学校有专门设置的适于实施生态文明教育的设施、设备、资料及较完备的管理制度和各种现代化教学手段。如投影仪、显微镜、计算机等教学设备以及大型实验室、实训基地等都是教师向学生传授环境科学知识和进行各种实验的必备条件。显然，这些均是保证学校生态文明教育顺利实施的必要条件，也是其优势所在。

（3）学校一般具备有利于传授生态知识、教书育人的文化环境，为大面积培养社会所需要的人才提供了良好的氛围与条件。

2.系统性

学校生态文明教育相对于家庭生态文明教育和社会生态文明教育来说，更具有连贯性、系统性。这种系统性主要表现在以下两个方面：

（1）生态文明教育体系方面。正规教育的生态文明教育体系应涵盖基础生态文明教育、专业生态文明教育和在职生态文明教育三大部分。我国基础生态文明教育主要以幼儿及中小学生为对象，重点培养他们在生态文明方面的态度、参与、行为与能力等，强调教育内容的探究性、活动性、现实性及有效性，努力使基础生态文明教育在各方面走向制度化、规范化。生态文明教育的专业教育主要是面向大中专院校的学生与各类研究生，其重点在于突出生态环境等方面的专业性与教育性，目的是为社会培养高层次的教育科研人才。在职生态文明教育的主要任务是：在职成人岗位培训、继续教育，目的是提高在职在岗人员的生态文明素质和工作实践能力。

（2）生态文明教育的知识内容方面。生态文明教育课程内容从认知领域的《生态学》《环境学》等生态知识普及课程，到《环境伦理学》《环境哲学》等生态意识教育课程，再到《环境影响评价》《大气污染控制工程》等生态技能教育课程，这充分体现了生态文明教育内容由浅入深、由简单到复杂、由基础到专业的系统性和层次性。

3.组织性

作为正规教育，学校教育具有较强的组织性和规范性，生态文明教育作为学校教育的一个新兴领域，显然也具有严密的组织性。从学校的层次来看，幼儿园、小学、中学、大学把不同年龄段的教育对象组织在一起，根据其接受能力与知识基础接受合适的生态文明教育；从高等学校的类别来看，工科、理科、文科、综合类院校可以把侧重点不同的生态文明教育内容有计划、有目的地传授给学生。从学校生态文明教育具体的实施方式来看，学生接受生态知识、学习相关课程是在规定的时间和地点，由专门的老师按照教学大纲和教学计划有序开展，并且有明确的教育目标和教学任务。此外，还有对学生学习情况的考试考核，对教育教学的反馈评价等。无疑，这些方面都是学校生态文明教育严密组织性的体现，同时也是学校生态文明教育的优势所在。

4.稳定性

学校生态文明教育同家庭生态文明教育、社会生态文明教育比较，是最为稳定的教育形式。这是因为它拥有稳定的师资队伍、稳定的教育场所、稳定的教育对象和稳定的教育内容、方法等。而这些也是青少年全面接受生态文明教育，系统学习相关知识，树立正确的生态文明意识不可缺少的条件。正是学校生态文明教育的稳定性为其大面积、高效率传授生态文明知识与理念，培养生态文明建设人才提供了基础保障。

5.权威性

学校生态文明教育还有权威性的特点。因为学校生态文明教育的教学内容、教学大纲、教学目标和组织形式等均是国家教育、行政等部门经过相关专家学者的研究论证之后，在全国各级各类学校按要求和计划组织实施的。相对于家庭生态文明教育和社会生态文明教育来说，学校生态文明教育的规范性、权威性和目的性更强。

三、社会生态文明教育

广义的社会教育，是指旨在有意识地开展有益于人的身心发展的各种社会活动；狭义的社会教育，是指学校和家庭以外的社会文化机构以及有关的社会团体或组织，对社会成员所进行的教育。社会教育通常通过不同形式的媒体宣传教育方式承载所要传达的信息和理念，其中既包括富于教育意义的正面信息，也包括具有警示意义的反面信息。社会教育通常利用群众乐于接受的方式开展活动，从而使社会成员产生情感共鸣，在潜移默化中规范人们的日常行为。因此，社会生态文明教育就是社会教育中以生态文明为主题，以提高社会成员的生态文明素质、促进人与自然和谐发展为目的的社会教育。

（一）社会生态文明教育的意义

相对来说，社会生态文明教育的受众范围最广，覆盖面最大。充分利用社会教育的优势，采取多种形式对社会公众进行生态国情、环境现状、绿色发展等方面的宣传教育，可以有力促进生态文明理念在全社会的牢固树立。具体来说，社会生态文明教育的意义主要体现在以下三个方面：

第一，社会生态文明教育有利于社会风气和社会面貌的生态化转变，从而潜移默化地引导社会成员树立生态文明意识，养成生态文明习惯。近年来，我国社会生态文明教育通过媒体宣传、教育基地建设、环保组织活动和生态公益讲座等形式，在全社会大力传播节能减排、低碳生活和循环经济等生态文明理念，倡导保护环境、节约资源的生产生活方式。在这一文明理念的指导下，整个社会逐渐兴起了学习生态文明知识、树立生态文明理念、培养生态文明行为的热潮。这在很大程度上使我国各地社会风气和社会面貌逐步向生态化方向转变，人们生活中各种浪费资源、污染环境的旧俗陋习正在逐渐消失，绿色环保、节能减排的良好社会氛围正在形成。而良好的社会风气和社会面貌对生活其中的人们具有积极的引导作用。

由于人是社会化的动物，每个人的生活不仅要与自然环境进行物质与能量的交换，而且需要在社会环境中与其他人进行信息与思想的交流。社会上的主流思想观念、文化氛围和公众的行为方式都会对个人的思想与行为产生一定的影响。因此，生态化的社会环境作为一个更大的人文环境系统在无形中会影响到人们的思维方式与行为方式，从而为社会成员树立正确的生态文明观念营造良好的社会氛围。这些都与国家通过各种形式展开的社会生态文明教育具有直接关系。

第二，与学校生态文明教育与家庭生态文明教育相比，社会生态文明教育的受众对象最多。这可以在更大范围上满足社会成员接受生态文明教育的客观需求。随着社会的发展，社会教育的对象日益扩大，几乎包括社会所有年龄阶段的成员。社会生态文明教育可以通过少年宫、夏令营、冬令营等为青少年开展生态科技宣传、环保技术展示、保护地球绿色之旅等活动。城市中的科技馆、博物馆、图书馆等均可以采取丰富多彩的形式向市民进行生态文明知识与理念的宣传普及。

越来越受到社会重视的"在职充电"、老年大学也可以把适应社会发展的生态理念融入其中。中老年人在增长知识、娱乐身心的同时，也培养了他们节能环保的生活理念。同时，目前各种生态环保团体和网络媒体也可以通过各种方式与手段向人们传授节约资源、保护环境等方面的生态知识。此外，电视台和报纸杂志还可以为观众和读者专门开辟丰富多彩的环境教育栏目，以拓展人们获取生态文明知识的渠道。这些都说明社会生态文明教育能够在更大程度上满足社会成员接受教育的需要。

第三，社会生态文明教育方式丰富多彩，可以满足不同人群的不同受教育需求。对于老年人来说，看报纸、听广播及各种保健讲座更适合他们的需要，也更能调动老年人的积极性，激发他们追求绿色活的热情；对于需要工作的在职人员来说，计算机、手机等多媒体网络更能吸引他们的兴趣，也能为急速而来的、海量的相关教育信息提供现代化的传播途径；对于青少年儿童来说，把环保与生态理念融入动画片、网络游戏和各种服饰设计是较好的社会宣教方式，这样能够使子女在自己感兴趣的活动与事物上无形地接受生态文明理念。总之，社会生态文明教育为不同兴趣爱好和个性化需要的受众提供了各种各样的教育方式，可以大大推进生态文明理念在全社会的牢固树立，促进社会生态文明氛围的形成。

（二）社会生态文明教育的方式

在社会生态文明教育过程中，宣传教育的方式多种多样，除了学校教育与家庭教育中常用的教育方式外，所有融入人们生活、对社会成员具有生态文明教育意义的行为均属于社会生态文明教育范围，如上文提到的通过图书馆、主题活动、电视节目等方式。除此之外，当前社会生态文明教育的主要方式包括：社会宣传教育、国家生态文明教育基地建设、生态旅游和生态环保志愿者活动等。

1.社会宣传教育

开展有关生态文明的社会宣传活动，可以有效丰富和巩固公众的生态文明知识，强化生态文明意识，加深生态文明情感，增强人们的生态责任感。社会宣传教育主要是综合运用媒体宣传、活动宣传和文艺宣传等多种方式，向公众传播生态文明知识、灌输生态文明理念。这种宣教方式可以发挥生态文明建设过程中先进典型的引领作用，也可以发挥活动宣传擅长说理分析的优势，同时能把生态文明的基础知识、生态文明的科学理念融入干部群众喜闻乐见的文艺影视作品及文艺演出中，有效改进宣传形式，丰富宣传载体，尽可能做到贴近群众，贴近实际，进而不断增强宣传教育活动的实效性。

社会宣传教育的重要方面是建立健全生态文明建设新闻发布制度，充分发挥媒体的宣传作用，掌握舆论导向，加大各种宣传媒体的舆论影响。可以充分利用互联网、手机、报纸、电视、广播等大众媒介的社会宣传功能，开设生态文明教育专栏，定期为人们进行环境、资源、生态等方面的知识宣传与理念灌输。可以在报纸、期刊上设置生态文明教育板块，征集刊登与生态文明相关的优秀文作、摄影作品，也可以拍摄生态文明专题宣传片、微电影、公益广告，并将其投放到网络以及各大电视台，包括出租车、公交车中的移动电视节目中，全面开展公益性生态文明教育宣传活动，增强生态文明理念在全社会的传播力度，促进生态文明理念普及化、大众化。

当前，尤其要高度重视和充分运用网络媒体，发挥其高速高效和共享共用的优势，打造新的宣传教育平台。在政府、企业、学校、乡镇等网站，微信和微博等平台增设生态文明宣传专栏，并增设网民意见反馈窗口。同时，要充分利用主题活动和公共场所对社会公众进行生态文明宣传教育。利用展览馆、文化馆、美术馆等科普场所，以科普的形式传播生态理念，开展生态文明主题教育活动，如"绿色出行""低碳生活"科普展览、生态文明科普大讲堂等。还可以开展"生态文明下乡"活动，以农民喜闻乐见的方式向农民传播生态文明理念，在公共场所通过图片、宣传栏及户外LED宣传屏等普及宣传日常生活中与居民密切相关的生态环保知识，传播生态文明理念。

2.国家生态文明教育基地建设

为向全民普及生态知识，增强全社会的生态意识，加快构建繁荣的生态文化体系，同时为社会主义生态文明建设提供示范窗口，使全国生态文明教育尽快走向规范化、制度化的道路。国家生态文明教育基地是建设生态文明的示范窗口，是面向全社会的生态道德教育与生态科普基地。在全面推进生态文明建设进程中，创建国家生态文明教育基地是贯彻落实科学发展观，促进人与自然和谐，大力传播和树立生态文明观念，提高全民的生态文明意识的重要途径和有效措施。对于充分发挥窗口示范作用，普及全民生态知识，增强全社会生态意识，推动生态文明建设具有十分重要的现实意义。

风景名胜区、自然保护区、森林公园、湿地公园、学校、自然博物馆与青少年活动中心等是实施生态文明教育的重要场所。在这些地方可以开发丰富的教育资源和优美的生态景观资源，创建一批具有教育价值与旅游审美意义的生态文明教育基地，借此开展各种富于生态文明教育意义的活动，吸引社会公众主动参与其中，可以有效提升生态文明教育基地的教育作用。为了使国家每年评选出的生态文明教育基地在实践中更好地发挥对社会公众的宣传教育作用，还应从以下方面进一步开展工作：

（1）大力开展生态文明观教育活动，引导公众树立科学的生态文明理念，在整个社会营造良好的生态文明氛围。

（2）在全社会广泛开展有关生态文明的各种科教宣传活动，从生活方式、生产方式及消费方式等方面引导人们的行为方式向生态、低碳、环保的方向转变。

（3）积极开展生态道德教育活动，引导人们从伦理道德的层面认识人与动物、植物乃至各种自然存在物的关系，把人与自然的关系纳入道德范畴更能使公众以尊重、爱护的态度对待自然界的一草一木。

（4）广泛开展生态文明教育普法宣传，使公众明确对待动植物及各种自然资源的行为哪些是违法的，哪些是值得提倡的。知法、懂法才能发挥法律法规对公众行为的约束规范作用。要积极举办各种亲近自然、感受自然的审美体验活动，让社会成员在与大自然亲密接触的过程中领悟美的真谛，陶冶美的情操，从而使其更加懂得珍惜自然、爱护环境。

3.生态旅游

生态旅游是对自然生态资源起保护作用，并对本地群众生活水平不构成破坏的一项旅行活动。这一活动理念的核心是对自然生态友好，并且能够促使其持续发展。同时，生态旅游是把生态环境作为主要景观的旅游，以可持续发展为理念，以保护生态环境为前提，以统筹人与自然和谐为准则。这种旅游方式凭借优美丰富的生态环境以及富有魅力的人文景观，感染和熏陶广大游客欣赏自然之美、崇尚自然之道的情怀。随着人们生活水平的提高，出门旅游观光越来越成为普通人的休闲消费方式。把保护自然环境、维护生态平衡的理念融入人们的旅游活动，通过生态旅游教育游客树立尊重自然、顺应自然的文明意识不失为社会生态文明教育的一项重要措施。

生态旅游可以使游客通过对各种旅游资源的友好尊重与欣赏保护，陶冶情操、愉悦身心，以增强对大自然的理解与敬重，使人们在亲近自然、融入自然的过程中接受良好的生态文明教育。生态旅游与非生态旅游的主要区别就是要在获得经济效益、愉悦游客身心的同时，教育游客保护环境、热爱自然，树立生态忧患意识与责任意识。生态旅游不仅为人类提供亲近自然、认识自然的机会，满足游客求知的高层次的需求，而且促使人们重视生态环境的建设和恢复，帮助人们增强环境保护意识，是进行生态文明教育的重要途径。同时，生态旅游可以实现经济效益、社会效益和生态效益三者的有机统一。

充分发挥生态旅游对广大游客的教育作用需要在以下方面进行努力：

（1）通过职业导游解说，使游客在了解自然风光的历史与魅力的同时，增强其环境保护意识。针对不同类型的旅游资源，解说内容应该具有针对性与客观性。大致可以体现在气候状况、生态环境、水土保持、生物多样性、地质地貌、特色动植物等方面。以林区旅游景点为例，导游可以从野生动植物、森林植被、四季气候、地质构造等方面进行导述，进而引出人与森林生态系统的密切关系，以展示森林生态系统的科学价值，激发人们走进森林、关爱自然的情怀。

（2）旅游主管部门应明确教育的导向性与主题内容，要紧密结合景区的生态环境与自然资源。生态旅游活动的开展可以通过寓教于乐、寓教于游等多种方式开展，让游客在轻松愉快的气氛中潜移默化地接受教育。例如，可以开展环境灾变与治理科学考察、生态科普园展览、地质地貌遗迹识别、野生动植物识别、生态保护志愿者夏令营活动等。

（3）通过展览、讲座、出版物、大众传媒等方式，广泛开展生态环境资源保护宣传活动，使游客深入了解自然界的美及其对人类的价值，树立起保护自然、爱护旅游资源的正确观念，让"资源环境有价、发展生态旅游"的观念深入人心。

4.生态环保志愿者活动

生态环保志愿者是利用业余时间自愿从事生态环境保护和社会宣传而不求回报的社会个体。生态环保志愿者多以特定主题（如关爱母亲河、低碳生活、保护森林等）而自发或有组织地采取实际行动，来倡导和践行保护生态环境、合理利用资源等文明理念，同时把其主张和措施向社会公众进行宣传普及。当前我国生态环保志愿者多以组织或半组织的形式在学校、社区及社会公共场所开展各种实践和宣传活动。环保志愿者开展活动一般以统一的宣传服饰和显著的目的性向社会公众表明其保护环境、节约资源的决心与意图。他们在身体力行节能环保的同时，也向社会进行了有力的生态文明理念宣传，为社会形成良好的生态文明氛围树立了良好榜样。

随着资源短缺、环境污染等生态问题严重性的加剧和人们环保节能意识的增强，越来越多的有识之士加入生态环保志愿者的行列，在全社会广泛开展各种义务宣传活动，向社会公众宣扬绿色出行、低碳生活、爱护动物、善待自然等文明理念，为生态文明理念在全社会的传播与普及起到了积极的推动作用。不少高校大学生环保志愿者自发组织到各大旅游景区义务捡垃圾、维护游客秩序，用实际行动告诫游客要维护公共卫生，爱护各种旅游资源，做生态文明游客。还有些环保志愿者自发组织在黄河沿岸开展"关爱母亲河"实地调查水质污染与宣传活动。这些活动在增强他们自身社会实践能力的同时，也使其获得了第一手的实验数据，更重要的是把节约用水、拒绝污染等理念传播到了黄河两岸及全社会。此外，还有一些生态文明素质较高的社区老年环保志愿者自发组织起来走向街头，向人们宣传低碳生活、节约水电及绿色出行等环保理念和生活常识。

充分发挥生态环境志愿服务活动对生态文明理念的宣传与教育作用，需要国家相关部门，特别是教育、环保部门和社区服务机构等给予积极的鼓励、支持及正确的引导和管理，以便在更大程度上发挥其教育作用。一方面，国家相关部门要制定支持志愿者活动与服务的政策规定，为其提供必要的制度保障和开展活动的基本条件；另一方面，对于环保志愿者的活动内容、活动方式和活动场所，相关部门应该进行必要的审查，以利于志愿者更好地开展活动。同时，国家还可以通过电视和网络媒体等大力提倡社会公众积极参与生态环保志愿服务活动，以扩大环保志愿者队伍，使生态环保宣传教育的覆盖面更宽、影响力更大。

（三）社会生态文明教育的特点

社会生态文明教育与家庭生态文明教育、学校生态文明教育相比，具有教育对象的广泛性、教育形式的多样性、教育内容的现实性、教育价值的导向性以及参与主体的群众性等特点。

1.教育对象的广泛性

从教育的受众范围来看，社会生态文明教育具有对象的广泛性特点。无论是家庭生态文明教育，还是学校生态文明教育，受教育的对象一般都是儿童和青少年学生，而社会生态文明教育的教育对象，不仅包括儿童和学生群体，而且可以辐射到社会的所有成员。社会教育最能体现生态文明教育对象的广泛性，即社会成员不受性别、年龄、职业等限制，都应该受到相应的生态文明教育。

2.教育形式的多样性

从教育方式与手段来看，社会生态文明教育具有多样性特点。家庭生态文明教育多是靠家长的言传身教与榜样示范对子女进行教育，学校生态文明教育主要是通过课堂教学向学生灌输有关生态文明的知识与理念，相比之下，社会生态文明教育在教育方式与手段上更具灵活性与多样性。除了以网络媒体为主的社会宣传、国家生态文明教育基地建设、生态旅游教育方式之外，社会生态文明教育还可以充分利用民间环保组织开展的各种宣教活动，向社会公众宣传生物多样性、低碳生活、节约资源等生态理念。同时，社会生态文明教育还可以通过与生态文明相关的影音资料、实践参观、文艺展演等寓教于乐的形式来进行。此外，还可以通过举办生态文明教育专题咨询、生态文明教育公益讲座等便于公众接受的教育方式来开展生态文明教育。

3. 教育内容的现实性

社会生态文明教育的现实性是指生态文明教育的内容一般都贴近生活、贴近实际，多与人民群众的日常生活息息相关。如在大城市通过多媒体或者宣传栏向市民推广家庭节电、节水技术常识，这样可以抓住广大市民节约家庭开支的心理，在向民众传授技术知识的同时，也无形中促使广大市民养成了节约资源的习惯。

此外，从为农民创收增效、发展绿色农业的角度开展生态农业"三下乡"活动，向广大农民传授科学施肥、喷药技术，让其了解如何在保持土壤肥力、降低农产品药物残留的基础上增加收入。这样可以使农民在增长知识、获得实惠的同时，保护了农村生态环境，也为人们奉献了绿色无公害的农产品。显然，教育内容的现实性是生态文明教育能够深入社会、走近群众，为社会成员所接受的重要条件，也是社会生态文明教育得以顺利开展，取得实效的基本保障。

4. 教育价值的导向性

社会教育通过媒体传播、大众文化等方式为社会成员创造一定的舆论环境和社会文化氛围，从而在潜移默化中引导社会成员崇尚某种观念，培养某种精神，追求某种知识，形成了一定的教育导向。积极的、健康的教育导向对社会成员起着良好的教育、引导作用。社会生态文明教育的目的就是要在社会领域通过媒体宣传、舆论影响等方式向社会成员灌输节约资源、保护环境的知识，使人们认识到只有处理好人与自然的关系，尊重自然、顺应自然才能实现人类社会的永续发展。社会生态文明教育通过各种方式警醒世人深刻反思自身的各种非生态行为，帮助公众在提高个人生态文明素质的基础上树立科学的生态观，形成生态化的行为习惯正是当前应该极力推崇的价值理念。

5. 参与主体的群众性

社会生态文明教育的对象不仅具有包括所有社会成员的广泛性，其参与主体还具有明显的群众性特点。社会生态文明教育主要面向广大人民群众，其教育内容、教育形式和教育场所等无不体现出与群众的生产、生活密切联系的特点。这也是充分调动广大社会群众积极参与生态文明理念学习与实践的有利条件。没有或缺少群众广泛参与的社会生态文明教育难以取得成效。可见，积极有效的群众参与是社会生态文明教育取得实效的重要保障。

同时，在广大群众积极参与生态文明教育学习和实践的过程中，人们可以相互学习、相互促进，还可以带动更多的人加入生态文明理念的学习和践行之中。因此，社会公众在积极参与生态文明教育的过程中可能既是教育对象，同时也是教育者，这种教育主客体角色重叠的现象也是社会生态文明教育群众性的一种表现。

第六章　环境保护与生态文明教育的中国实践

第一节　环境保护与生态文明教育的历史探索

生态文明建设是关系中华民族永续发展的根本大计，生态文明教育在生态文明建设中发挥着基础性作用。因此，生态文明教育始终是中国共产党领导中华人民共和国生态文明建设的基本举措之一。迄今，我国的生态文明教育不仅在国内彰显了强劲的实践生命力，而且享有较高的国际声誉。"新一轮基础教育课程改革以立德树人为根本任务，将生态文明列为重要的教学内容。"

中华人民共和国成立至今，我国环境与生态文明教育已由最初的无意识、碎片化教育形式，走向了有意识、系统化、网络化与专门化的教育形态，并从跟随国际趋势逐渐发展出本土自觉，走出了一条环境与生态文明教育的中国之路。我国环境与生态文明教育历程的每一阶段向另一阶段的实践转型都是在理念更新与深化的背景下开启的。

一、环境保护的教育（1949年—1992年）

中华人民共和国成立之初，国人环保意识普遍薄弱，环境破坏问题严重，党和国家第一代领导人对此高度重视，以环境保护为宗旨，推动了环境教育的初步发展，主要表现为以下三个方面：

第一，党和国家领导人的高度重视孕育了环境教育的萌芽。中华人民共和国成立之初，我国生态环境破坏严重，森林覆盖率仅8.6%。国家领导人多次重要讲话中反复重申要处理公害，保护环境。这些举措既是我国环境教育的思想萌芽，也为日后开展环保专业教育与干部培训奠定了重要基础。

第二，第一次全国环境保护会议的召开推动了环境教育的起步。1972年6月，联合国人类环境会议在瑞典召开，我国积极响应，派出代表团参会。会上，中国代表第一次接触到了环境问题的全球眼光，也意识到了中国环境问题的广度和深度。在此次会议的直接推动下，我国于1973年8月召开了第一次全国环境保护会议。本次会议讨论通过的《关于保护和改善环境的若干规定（试行草案）》（以下简称《规定》），是我国环保工作起步时期的重要纲领。在"依靠群众，大家动手"等方针的指导下，《规定》第九条特别提出要做好环境保护的宣传教育，要求"有关大专院校要设置环境保护的专业和课程，培养技术人才。……要采取各种形式，通过电影、电视、广播、书刊，宣传环境保护的重要意义，普及科学知识，推动环境保护工作的开展"。

在高等教育方面，一个最为显著的标志是高校的环境专业建设。1977年清华大学建立了我国第一个环境工程专业。到1992年，全国已有15种环境保护类的本科专业在71所高等院校设置，环境专业相关的专业点达86个。环境保护教材编写与研究生教育也获得起步。在基础教育方面，根据1978年《环境保护工作汇报要点》关于"普通中学和小学也要增加环境保护知识的教学内容"这一要求，我国按照由点到面、逐层铺开的思路启动了学前与中小学环境教育试点工作，并修订了基础教育教学大纲，使环境教育有机地融入基础教育体系。到1992年，全国已有31088所中小学校开展了环境教育日。在干部培训方面，我国不仅着力开展环境管理干部培训班，还专门成立了秦皇岛环境管理干部学校，即我国首个全国性环保系统在职干部环境教育培训基地。

从此，我国环保系统在职干部有了一个全国性的、固定的环境教育培训基地。在社会教育方面，我国借助报刊与出版社大力建设环保宣传阵地，如创办了《环境保护》（1973年）等刊物，1980年成立了中国环境科学出版社（今中国环境出版集团），还分别在1980年和1981年开展了普及环保知识的社会教育月活动，在提升公众环境素养方面起到了一定作用。

第三，机构的设立与法律的颁布使环境教育获得组织领导与地位保障。为加强党对于环境教育工作的全面领导，保证环境教育工作平稳有序推进，我国开始构筑环境教育的组织与立法保障。在第一次全国环境保护会议召开次年，我国即成立了国务院环境保护领导小组。后来，这一机构逐步发展为国家环境保护局（今生态环境部）。国家环保局专设宣传教育司，负责组织、指导和协调全国环境保护宣传教育工作。自此，国家有了专门的环境教育组织机构。为了立法保障环境教育，我国于1989年通过了《中华人民共和国环境保护法》，指明"国家鼓励环境保护科学教育事业的发展"。此法让环境教育的实施拥有了坚实的法律保障。

二、可持续发展的教育（1992年—2012年）

1992年，联合国环境与发展大会在国际社会首次确立了"可持续发展"观念，并强调开展可持续发展教育。据此，中国也开始由"为了环境保护的教育"转向"为了可持续发展的教育"。这一阶段的成就集中体现在以下四个方面。

（一）环境教育指导理念的转变

环境教育的指导理念由环境保护转向可持续发展。1992年6月，联合国环境与发展大会在巴西召开。中国政府高度重视，派出阵容强大的代表团参会。本次会议把环境问题与经济、社会发展结合起来，树立了环境与发展相互协调的观点，找到了在发展中解决环境问题的正确道路，即"可持续发展战略"。受此推动，我国相继发布《我国环境与发展十大对策》《中国21世纪议程——中国21世纪人口、环境与发展白皮书》等重要政策，并出台了我国第一份环境教育专门文件《全国环境宣传教育行动纲要（1996—2010年）》。2003年，党的十六届三中全会提出科学发展观，可持续发展成为党的指导方针与行动遵循。在此背景下，我国环境教育的指导思想开始由单纯的环境保护转向环境与发展相协调的可持续发展理念，而这一新理念经由各类主体的躬行最终转化为了可持续发展教育的新实践。

（二）深化可持续发展教育实践

首先，高校环境专业教育得到大力发展。在这一阶段，环境专业教育的教材编写受到前所未有的重视。到1998年，全国共有115所院校编写了环境教育教材，达832种之多。环境师范教育也开始起步。1993年，北京师范大学招收了第一届环境教育硕士研究生。同时，环境专业设置得到继续加强。学科建设方面，自2011年起，"生态学"由二级学科升格为一级学科，"环境科学与工程"由试点专业正式成为一级学科，使可持续发展专业教育有了更加坚实的学科依托。

其次，中小学可持续发展教育持续深化。1992年，原国家教育委员会颁布的义务教育阶段各学科教学大纲（试用）把环境教育的目的、要求、原则和内容渗透到各学科之中，并且将人口教育、发展教育与环境教育紧密结合。1993年秋，按照新大纲重新编写的各科教材在全国范围内分别在小学一年级与初中一年级开始推广。可持续发展教育的内容也开始深入中小学课外活动与选修课程。

再次，可持续发展社会教育获得极大丰富，以"中华环保世纪行""绿色奥运"行动计划为代表的主题宣传活动和以"绿色学校"为代表的绿色创建活动成为这一时期的主要特色。

最后，环境保护干部培训在新理念的指引下完成了向可持续发展干部培训的过渡。例如，1994年国家举办了"《中国21世纪议程》纳入国民经济和社会发展计划培训班"，由国内外专家联合讲授中国与全球21世纪议程的主要内容。此次培训不仅为有关部门培养了具有可持续发展思想的干部，还为此方面的继续培训培养了首批教员，并提供了系统教材。

（三）形成可持续发展的立体化宣教平台

形成民间官方相补充、线上线下相融通的可持续发展立体化宣教平台。可持续发展议程的落实有赖于广大公众的价值认同与准则践行。为此，民间一些有识之士积极响应党的号召，带头组建环保民间组织。一时间，各种类型的民间环保组织如雨后春笋般在祖国各地迅猛发展。1978年，中国政府发起成立第一个从事环境保护事业的全国性科技社团——中国环境科学学会。1991年，我国成立第一个纯粹意义上的民间环保组织，即黑嘴鸥保护协会。1992年以后，我国环保民间组织获得进一步发展。截至2012年年底，全国环保民间组织数量达到7881个。同时，有关机构充分利用互联网优势，着力打造线上可持续发展宣教平台，如原江苏省环保厅创办的"江苏环保"网（1998年），催生了绿色北京环保组织的"绿色北京"网站（1998年），作为《中国环境报》官方运营平台的中国环境网（1999年）等。这些民间组织与在线平台为我国传播可持续发展信息与汇聚环保志愿者提供了重要便利。

（四）增强对外开放力度，走向国际合作

环境问题具有天然的全球化维度。为了使可持续发展教育的效果最大化，各国必须携手共建可持续发展教育的全球合作网络。基于此，我国不仅积极参与可持续发展教育的大型国际项目，还主动邀请著名国际机构给予支持，并与之联合发起行动。例如，我国先后参与了"CLO BE"计划（1995年）、中国EPD教育项目（1998年）、国际生态学校项目（2009年）等全球项目，与国际著名机构联合发起了"中国中小学绿色教育行动"（1997年），并成立了环境与可持续发展学院（2002年）。这些国际合作对于培养学生环境保护与可持续发展价值观念、转变教师教育理念起到重要作用。

三、生态文明的教育（2012年至今）

党的十八大以来，我国在生态文明新理念的引领下开启了生态文明建设之旅，这也从战略上推动着我国环境与可持续发展教育向"为了生态文明的教育"进军。2012年至今，我国生态文明教育主要在以下六个方面获得重大进展：

（一）可持续发展教育升华为生态文明教育

党的十八大以来，我国在以习近平同志为核心的党中央领导下，形成了习近平生态文明思想，走向生态文明新时代。2012年，党的十八大报告提出"加强生态文明宣传教育"。这是首次在国家重要文件中对生态文明教育作出明确要求。2015年《中共中央国务院关于加快推进生态文明建设的意见》进一步指出，把生态文明教育作为素质教育的重要内容，纳入国民教育体系和干部教育培训体系。这标志着生态文明教育的正式确

立。2017年《国家教育事业发展"十三五"规划》《中小学德育工作指南》相继发布，将生态文明教育作为一项重要内容。2018年习近平总书记在全国生态环境保护大会上的重要讲话，为新时期生态文明教育的发展提供了根本遵循。

2021年《"美丽中国，我是行动者"提升公民生态文明意识行动计划（2021—2025年）》发布，从学校与社会两个维度，对全民生态文明教育作出时间安排与系统部署。在习近平生态文明思想的指引下，中国环境与可持续发展教育开始彻底转向生态文明教育，获得实质性提升。

（二）扎实推进高校生态文明教育

"在建设协调发展的小康社会中，生态文明有着重要的意义。加强生态文明教育既是当今科学发展的要求，也体现了高校德育的时代需要。"新时期高校从课程、人才培养、科研、合作等方面全力深化生态文明教育。

课程实施方面，主要通过开设生态文明通识课、强化专业课教学、在思想政治教育等课程中融入生态文明内容以及录制网络公开课等途径，培育在校学生乃至全体公民的生态素养。

人才培养方面，不少高校积极争取地方政府的合作与帮助。四川高校就在省教育厅的支持下设立了多个"卓越农林人才培养项目"，并开展了和生态环境、环保相关的"卓越工程师人才培养项目"，部分高校也开始探索培养具备跨学科素养的生态文明建设复合型人才。

研究机构建设方面，既有高校与地方政府共建的生态文明研究机构，也有高校自主设立的专门研究中心。

专业合作方面，当数2018年5月成立的"中国高校生态文明教育联盟"具有较大的影响力，截至同年11月，已有160所高校加入该联盟。联盟高校联合开展了生态文明教育的教材编写、课程开发、学理研究、网站建设、平台搭建等方面的工作。

（三）全面推广学前与中小学生态文明教育

目前，我国学前与中小学生态文明教育形成了国家引领、地方主导与学校自主相结合的多元推进格局。国家主要通过大型活动与项目来推动生态文明教育。例如，2014年，多部委联合启动的"童眼观生态"活动。为提升中小学教师生态文明教育能力，我国又于2016年发起了"千名教师环境友好使者项目"。地方则形成了生态文明教育的多种实施样态。其中，动员高校结合地方自然资源来推动，建立区域学校联盟，地方政府统一部署地方教材编写与课程实施为三种代表性路径。

学校除了注重生态文明教育的学科渗透之外，还积极寻求生态文明教育与综合实践活动、探究性学习、研学旅行等新型学习方式的融合，意在增强学生的自然体验和实践参与。

（四）继续深化生态文明的社会面宣传教育

在此方面，国家、地方与民间协同构成了多层多维的宣教网络。

国家层面以生态环境部为主阵地，定期发布重要通知，组织或联合组织生态文明宣教活动。例如，2018年6月，生态环境部等五部门发起了为期三年的"美丽中国，我是行动者"主题实践活动，并发布了《公民生态环境行为规范（试行）》，从活动与规范两个层面联合塑造公民的生态文明意识与行为习惯。

地方政府也纷纷在生态文明教育的政策布局、宣教活动、绩效评估等方面作出了积极探索。在政策布局方面，江苏省于2014年通过了首个市级全民生态文明教育规划《宿迁市全民生态文明教育规划》。在宣教活动方面，山东省自2015年开始举办"齐鲁环境讲堂——生态文明宣传教育'十进'活动"。在绩效评估方面，江西省于2015年发布了《江西省生态文明宣传教育工作绩效评估实施方案》。这些探索为生态文明教育的有效落实与创新发展作出了重要贡献。

此外，环保民间组织也是生态文明宣传教育的重要助力。其中，环境教育非政府组织"无痕中国"开展的"无痕环境公益课堂"即为典型例证。

（五）拓展生态文明教育的实践场域

为充分发挥我国丰富的自然景观与场馆的生态文明教育潜能，我国早在2009年就启动了国家生态文明教育基地的申报与创建工作。这一动议激发了有关单位的极大热情，到2017年10月，全国共建成76个国家生态文明教育基地，累计受教育公众超过2亿人次。以此为契机，各类生态文明教育基地创建行动纷纷涌现。例如，2013年发布的《全国中小学环境教育社会实践基地申报与管理办法（试行）》指出，从2012年起，每两年将从各省级环境教育基地中遴选出一批全国中小学环境教育社会实践基地。同时，国家也注重从其他领域间接地为生态文明教育开拓平台。2017年《建立国家公园体制总体方案》明确指出，国家公园承载着教育的功能。其中，开展自然环境教育，激发自然保护意识即为国家公园的重要理念之一。

（六）加强生态文明教育的法治建设

一方面，颁行环境与生态文明教育地方性法规及政策文件。2011年，我国首部地方性环境教育专门法规《宁夏回族自治区环境教育条例》出台。党的十八大以来，多地加强了生态文明教育的立法与政策出台工作，《南京市环境教育促进办法》《衡水市生态环境教育促进条例》《天津市关于进一步加强生态文明教育的实施意见》《海南省教育厅关于大力推行生态文明教育的实施意见》等地方性法规与政策相继颁行，对依法依规推动生态文明教育发挥了重要保障作用。

另一方面，完善环境与生态文明教育国家立法。1989年《中华人民共和国环境保护法》仅指出"国家鼓励环境保护科学教育事业的发展"，对于环境教育的责任主体并未作出明确规定。2014年新修订的《中华人民共和国环境保护法》则将"鼓励"变为"应当"，标志着环境教育已成为一项法律义务，且明确了环境教育的责任主体为各级人民政府、教育行政部门、学校、新闻媒体，并鼓励基层群众性自治组织、社会组织与环境保护志愿者积极参与环境宣传教育事业。

此外，2018年"生态文明"与"生态文明建设"被历史性地纳入《宪法》，也为生态文明教育的深入开展提供了重要法律依据。

第二节　环境保护与生态文明教育的特色与经验

一、环境保护与生态文明教育的特色

我国环境与生态文明教育发展历程体现出了鲜明的中国特色，对这些特色进行总结提炼，能够加深对中国生态文明教育实践的认识。其中，以下四点特色尤为值得关注：

（一）环境与生态文明教育认识不断深化

环境保护是贯穿我国环境与生态文明教育的一条主线。1949年至1992年，我国以"为了环境保护的教育"为基本遵循，开展了旨在防治环境污染、增进环保意识、普及环保知识的教育。1992年起，我国在国际社会的影响下积极更新观念，将"为了环境保护的教育"扩充为"为了可持续发展的教育"。在此，环境保护的地位不仅没有被削弱，反而得到进一步凸显，并且环境保护已成为一个同人口与发展有着密切联系的综合概念，意味着今后当以整体关联的视角来看待环境与发展、人与自然的关系，这可视为我国认识历程中的一大进步。

随着生态文明建设国家战略的推进，"为了生态文明的教育"应运而生。生态文明以人与自然和谐共生为核心，彰显"尊重自然、顺应自然、保护自然"的文明理念，在以此为指向的生态文明教育中，环境保护的地位获得进一步巩固。不过，此时的环境保护已超越了"保护环境为我"或"保护环境为后代"的人类中心主义思维定式，转向了"保护环境是对一切生命的生存福祉负责"的生命共同体视角，这一认识转向也应成为引领新时期生态文明教育实践变革的重要依据。

（二）自主创新为主，国内国际协同互促

从各阶段的工作重心来看，我国环境与生态文明教育始终将扎根中国国情与保持国际视野紧密结合，并坚持以自主创新为主体，在寻求借鉴国际经验的同时，更加注重以自身影响世界。中华人民共和国成立初期，我国国民环境意识薄弱，因此这一时期环境教育的主要任务是扭转认识、唤醒意识。同时，培养具备决策与管理能力的环保专业人才是环境教育的另一项重任。联合国环境与发展大会召开后，我国结合国际呼吁与国家发展的长远规划，决心实施可持续发展战略，并推动环境教育向可持续发展教育过渡。党的十八大以来，我国决心走生态文明建设与绿色发展之路。生态文明建设要求教育要致力于维护整个生态系统的健康与可持续发展，其中的培养全民生态文明意识是一项核心使命。在此背景下，统摄环境与可持续发展教育的生态文明教育被提上议事日程。

与国际上盛行的可持续发展教育相比，生态文明教育的提出具有鲜明的中国特色，它是我国在生态文明建设新时代背景下的一项教育创举。如今，生态文明已经成为国际话语。《生物多样性公约》缔约方大会第十五次会议史无前例地以"生态文明"作为大会主题，这昭示着中国自主创设的生态文明教育新形态也将在国际舞台引发新的反响。

（三）教育与宣传的同步开展、相互促进

中国的环境与生态文明教育在初期就形成了教育与宣传两条主线，这两条主线既相对独立，又相互关联，共同支撑着环境与生态文明教育事业的有效落实。在过去很长的一段时期内，环境与生态文明的宣传与教育各有其特定的受众与目标。随着生态文明教育成为一项指向全民的广泛行动，生态文明学校教育与社会宣传的边界日益模糊，融合趋势日渐明朗。

就生态文明学校教育而言，高校的诸多举措早已超越对在校学生的教育，已进一步深入到中小学，走向公众。中小学的生态文明教育活动也更多地融合了家长与社区参与，其覆盖范围更呈现出进一步延展的趋势。例如，越来越多的地区与学校采用"小手拉大手"的推进方式，积极调动家庭与社区的参与，产生了良好的社会效应。

从生态文明社会宣传来看，几乎每一项宣教活动都指向了包括学校教育系统在内的全体公民。例如，"美丽中国，我是行动者"主题实践活动在面向全民的同时也将学校作为重要的活动主体之一。

可见，当下生态文明的宣传与教育两条主线已经开始"并轨"，二者的深度融合也

有助于形成全社会参与生态文明教育的联动机制，从而更有助于实现生态人才培养与生态公民塑造的双重目标。

（四）政府主导，自上而下与自下而上相结合

我国环境与生态文明教育事业自起步之初就受到党和国家的高度重视。随着地方和群众环境与生态文明意识的觉醒，我国逐渐形成了中央与地方、机构与个体协同推进生态文明教育的良好局面。在此格局中，中央政府是第一推动力。中华人民共和国成立以来，党和国家领导人高度重视环境与生态文明教育。自1973年以来，中央政府相继出台了多份指导性政策文件，为国家开展环境与生态文明教育提供了较为充分的政治保障。地方政府也是有力推动者。地方行政机关在国家政策的指引下，通过制定环境与生态文明教育的地方性政策法规与实施细则，牵头组织有关教育实践活动，推动着各地环境与生态文明教育的有序开展。

学校、个体与民间组织是环境与生态文明教育的自主实施者，新闻媒体、基地、企业等在合作推进环境与生态文明教育的过程中也贡献了重要力量。

二、环境与生态文明教育的中国经验

中国共产党领导中华人民共和国环境与生态文明教育的发展历程，同样蕴藏着丰富的中国智慧与本土经验。而正是这些宝贵的智慧与经验，使得中国不断在实现生态文明教育实践的质性提升。总体来看，以下四个方面的经验尤为关键，至今仍具有重要的启示意义：

（一）坚持党的领导——政治保证

通过对环境与生态文明教育发展史的梳理可以发现，我国在环境与生态文明教育事业中所取得的每一项或大或小的成就都离不开中国共产党的领导。而党领导环境与生态文明教育的一个具体经验为，建立了从中央到地方党的领导层层细化且紧密衔接的制度体系。其中，党中央总揽环境与生态文明教育发展与规划全局，负责宏观政策文件的出台，指明努力方向；党的地方组织出台更为详细的办法与规定，并负责组织、协调与监督环境与生态文明教育的具体落实；党的基层组织则承担了落实环境与生态文明教育的具体责任。

（二）树立系统思维——战略布局

坚持系统思维也是我国环境与生态文明教育取得成就的重要原因之一。具体而言，这种系统思维体现为空间上的横向贯穿与时间上的纵向一体。

从环境与生态文明教育实施的空间布局来看，1973年我国第一份对环境教育作出明

确规定的文件《规定》就奠定了学校与社会、教育与宣传双线并行的开展思路。经过近50年的发展，这种思路已经转化为全员与全要素参与的切实行动。所谓生态文明教育的全员参与，既指教育者的多元性，如党政机关、学校、企业、民间组织等，又指受教育者的广泛性，如涵盖学生与家庭、干部与员工。所谓生态文明教育的全要素参与，意指几乎每一次活动的开展都涉及对政策指南、教材、师资与场地等要素的全面部署。

从环境与生态文明教育的纵向布局来看，早在20世纪70年代末，我国就已确立了涵盖学前、中小学与高等教育的全学段、一体化实施思路，并印发了相应的教育大纲与实施指南。

时至今日，这种横向贯穿、纵向一体的实施格局愈加稳固，为我国环境与生态文明教育在各领域、各阶段做出成绩提供了重要支撑。

（三）注重理念引领——发展方向

我国环境与生态文明教育自起步之初便始终坚持自觉发展取向，注重以新理念引领新实践。1949—1992年间，我国以环境保护为宗旨，推动环境教育的落实与完善。1992—2012年间，我国在可持续发展理念的推动下，转向了可持续发展教育形态。可持续发展已经超越了单纯的环境保护，并基于代际公平视角对环境与人类社会的可持续发展作出统筹考虑。与环境教育相比，可持续发展教育的议题更为丰富，即不仅仅涉及环境保护，还包括了人自身以及社会发展的可持续性。2012年至今，面对工业文明对全球可持续发展的深层阻碍，中国作出了建设人与自然和谐共生的生态文明的战略抉择。为了实现这一目标，必须开展相应的教育，即生态文明教育。

与环境与可持续发展教育相比，生态文明教育是站在生态正义和文明发展方式的高度，对"培养什么人"与"如何培养人"这类问题的重新思考。因此，其教育视野更为广阔，站位更加高远。由此可知，坚持正确理念的引领，也是我国环境与生态文明教育实践不断迈向高质量发展的宝贵经验。

（四）加强制度建设——坚实保障

对于生态文明教育而言，制度与法治的保障作用同样不言而喻。中华人民共和国成立以来，我国环境与生态文明教育的制度建设经历了由综合文件的提及，到专项政策的出台，再到专门法规的问世这一逐步完善的历程。1973年的《规定》，是将环境宣传教育作为环保事业的举措之一予以纳入，具体规定仅在两处有所体现。1989年《中华人民共和国环境保护法》将环境教育上升为一项具有法律地位的事业，但有关内容仅在总则第五条有所涉及。1996年《全国环境宣传教育行动纲要（1996—2010年）》首次对环境宣传教育的背景、目标、行动与保障作出全面部署，对环境教育的开展具有更加鲜明的指导意义。2011年，作为我国第一部环境教育专门法规《宁夏回族自治区环境教育条例》对环境教育的组织管理、学校教育、社会教育、保障与监督等内容作出详细规定。它的颁布对加强环境教育法治建设、推动环境教育工作落实具有重要的示范意义。

在这些政策与法律法规的推动下，相关配套政策应运而生。例如，指向基地建设的《国家生态文明教育基地管理办法》与《全国中小学环境教育社会实践基地申报与管理办法（试行）》，指向学校教育实施的《中小学生环境教育专题教育大纲》等。正是在这些总体与专项、内容与保障相关政策法律的支撑下，我国环境与生态文明教育具有了持续发展的充足后劲。

可见，不断加强制度建设，是推动我国环境与生态文明教育走上法治化、规范化与常态化轨道的重要保障。

第三节　环境保护与生态文明教育的未来展望

近年来，生态文明教育在中国大地广泛开展，其影响力从学校延伸至社会。但从生态文明教育在整个教育系统中的定位来看，它尚未如政策所呼吁的那般被彻底纳入国民教育体系中。与主流的学科教育相比，生态文明教育始终位于教育系统的边缘地带。不过，鉴于生态文明建设将长期作为一项国家战略，影响我国社会发展的方方面面，而生态文明教育在生态文明建设中发挥着关键作用，生态文明教育必将逐渐走向教育的中心，成为主流的教育模式。立足各方面的现实条件以及发展的必要性与可能性，这种主流化发展趋势有以下典型表征。

一、教育实施由自发推动走向规范发展

规范化是生态文明教育事业良性发展的标志之一，也是新时期生态文明教育的主要方向。结合当下困境与发展趋势，中国生态文明教育的规范化发展将主要朝两个方向演进。

第一，法治化。法治化是规范化的最高体现。尽管目前我国生态文明教育缺乏专门的国家法律保障，但不少省市已出台生态文明教育条例法规，并且地方立法的积极性逐年增长。这显示出了生态文明教育朝向法治化发展的迫切诉求与必然趋势。为了增强教育服务生态文明建设的能力，国家生态文明教育专门法律的空白必将得到填补，各地生态文明教育立法工作也将得到进一步完善。为了加速这一趋势的现实化，国家有关部门

可以借鉴地方立法的有益举措，并参考国外生态文明教育立法经验。

第二，以加强评估推动生态文明教育的高质量发展。当下生态文明教育活动种类繁多，但对于活动成效的评价，尤其是对教师专业性与学生学习收获的科学评价一直是缺位的，这给正确认知生态文明教育实际效果与制定生态文明教育改进方案造成了极大阻碍。随着生态文明教育作为化解生态危机、建设生态文明之关键的认识日益深化，未来对生态文明教育质量的关切必然会引发对评价问题的关注，并通过出台《生态文明教育质量评价指南》，建立生态文明教育质量监测平台以及定期发布《中国生态文明教育质量监测报告》，形成以科学评价促进生态文明教育良性规范发展的新格局。

二、教育主体由学校为主走向全民参与

生态文明建设事关中华民族的永续发展，事关全体国民的幸福生活。因此，服务生态文明建设的生态文明教育从本质上便是一项全民工程，即它不仅要以全体国民为教育对象，更要广泛调动一切积极力量组织实施生态文明教育实践，实现生态文明教育的全民参与愿景。然而，当下学校仍是开展生态文明教育的主要力量，生态文明教育的实践主体表现出了极大的不均衡。学校对于生态文明教育的重要意义不言而喻，但仅靠学校一方短期内无法彻底扭转反生态的生产与生活方式。我国关于生态文明教育的政策规划历来重视多主体乃至全民参与，此方面的最新文件《"美丽中国，我是行动者"提升公民生态文明意识行动计划（2021—2025年）》明确指出，有力推动全民生态文明教育工作，逐步形成全社会参与生态文明建设的良好局面。

可见，在有关政策的敦促下，未来生态文明教育的实施主体将由学校为主走向全民的深度参与。在这一新的教育网络中，学校、家庭、社区、政府机构、企事业单位、场馆、基地、民间组织等，都将深度参与到生态文明教育中来。他们各有其侧重的教育对象，同时相互支持，共同成就重点面向某一群体的生态文明教育。

新时期，学校依然是实施生态文明教育的重点场域，但生态文明学校教育的展开将变为以学校为主体，政府、家庭、企业、基地等各类主体协同参与的全机构推进格局。而生态文明社会教育也将会得到政府、学校、社区与场馆等各类机构的联合支持。

三、教育重心由意识形成走向素养培育

由工业文明迈向生态文明，不仅需要公民意识的更新，更需要公民行为的改变。由此，生态文明教育要以全体公民生态文明素养的全面培养为目标。然而，当下的生态文明教育实践偏重生态知识科普与生态文明意识形成，对受教育者生态文明情感、能力与行为的关注显著不足。《公民生态环境行为调查报告（2020年）》显示，公民在部分领

域仍然存在知行分离现象，如在践行绿色消费、减少污染产生、关注生态环境和分类投放垃圾等行为领域存在"高认知、低践行"情况。这和生态文明教育的目标与实践偏失不无关系。不过，随着公民生态文明意识的形成与不断深化，生态文明教育的重心定将发生迁移，即转向公民生态文明认知、情感、能力与行为的全方位统整培育，以此发挥生态文明教育推动生态文明建设的更大作用。

随着生态文明教育实施规范化、参与全民化、目标统整化以及由此带来的主流化发展趋势日渐成熟，中国生态文明教育势将成为引领全球的典范，为世界可持续发展教育的创新和深化指明方向与路径。

参考文献

[1]陈士勇.新时期公民生态文明教育研究[M].长沙：湖南师范大学出版社，2018.

[2]陈涛.大气环境污染监测及环境保护对策[J].科技资讯，2022，20（16）：122-125.

[3]戴财胜.环境保护概论[M].徐州：中国矿业大学出版社，2017.

[4]杜昌建，杨彩菊.中国生态文明教育研究[M].北京：中国社会科学出版社，2018.

[5]杜昌建.论构建我国生态文明教育机制的三个维度[J].沈阳师范大学学报（社会科学版），2018，42（05）：107.

[6]杜强.企业环境管理的探讨[J].福建论坛（人文社会科学版），2006（11）：32-34.

[7]段精明.环境管理研究[J].环球市场，2017（17）：115.

[8]高寒，李伟玮.环境可持续发展的环境生态学研究[J].中国资源综合利用，2020，38（8）：169-170，198.

[9]韩耀霞，何志刚.环境保护与可持续发展[M].北京：北京工业大学出版社，2018.

[10]侯利军，付书朋.高校生态文明教育研究[J].学校党建与思想教育，2019（14）：62-64.

[11]黄文胜.论新时代生态道德教育的理论视域[J].中南林业科技大学学报（社会科学版），2019，13（06）：34-38.

[12]蒋笃君，田慧.我国生态文明教育的内涵、现状与创新[J].学习与探索，2021（1）：68-73.

[13]李劲松.城市大气污染成因及其防治措施分析[J].科技创新导报，2019，16（29）：108-110.

[14]李萌，娄伟.中国生态环境管理范式的解构与重构[J].江淮论坛，2021（5）：51-56.

[15]李校利.从生态文明理论探索看我国文明发展走势[J].中国环境管理，2012（01）：12-14.

[16]李烨.论新时期的生态文明教育[J].中国成人教育，2017（18）：81-82.

[17]李友谊，卢彭.论高校生态文明教育[J].当代教育论坛，2009（9）：94-96.

[18]廖桂蓉，代云初.水环境污染及其市场化治理思路的探讨[J].农村经济，2003（2）：54-55.

[19]蔺雪春.生态文明辨析：与工业文明、物质文明、精神文明和政治文明评较[J].兰州学刊，2014（10）：81-85.

[20]潘岳.生态文明知识读本[M].北京：中国环境科学出版社，2013.

[21]彭文娟.环境保护对可持续发展的重要性[J].山西化工，2021，41（06）：270-272.

[22]沈明.生态文明教育策略探索[J].教育实践与研究，2022（5）：28-30.

[23]王冬.从生态文明看生态文明教育[J].才智，2011（17）：190.

[24]王宁静，魏巍贤.中国大气污染治理绩效及其对世界减排的贡献[J].中国人口·资源与环境，2019，29（9）：22-29.

[25]王小元，桂西丹.物质文明与生态文明的冲突与协调[J].江西理工大学学报，2016，37（02）：1-4.

[26]王迎春，刘景泰，孙沛雯，等.生态环境监测全过程病原微生物安全风险识别评估及个体防护[J].中国环境监测，2022，38（3）：11-17.

[27]魏晓莉，戚国强，赵俊影，等.高校生态文明教育的意义及实施路径措施[J].教育教学论坛，2018（39）：59.

[28]吴广庆.生态文明教育的三个维度[J].理论月刊，2013（1）：163-165.

[29]吴长航，王彦红.环境保护概论[M].北京：冶金工业出版社，2017.

[30]夏青.水资源管理与水环境管理[J].水利水电技术，2003，34（1）：17-18.

[31]谢钰敏.环境管理手段研究[J].地质技术经济管理，2004，26（5）：26-30，94.

[32]徐彩虹.环境监测在环境管理中的影响研究[J].皮革制作与环保科技，2022，3（6）：124-126.

[33]徐晓鹏，武春友.论城市水环境管理[J].水利水电技术，2003，34（6）：8-10，14.

[34]余志健.生态文明与生态文明教育[J].教育探索，2007（3）：67-69.

[35]岳伟，陈俊源.环境与生态文明教育的中国实践与未来展望[J].湖南师范大学教育科学学报，2022，21（2）：1-9.

[36]岳友熙.论生态文明社会精神生活的生态化[J].山东社会科学，2016（04）：106-113.

[37]张晨宇，于文卿，刘唯贤.生态文明教育融入高等教育的历史、现状与未来[J].清华大学教育研究，2021，42（2）：59-68.

[38]张智光.生态文明和生态安全人与自然共生演化理论[M].北京：中国环境出版集团有限公司，2019.